新时代乡村振兴百问百答丛书　何　丞/主编

乡村

生态文明建设

百问百答

朱世平　饶海华/编著

SPM

南方出版传媒

广东人民出版社

·广州·

图书在版编目（CIP）数据

乡村生态文明建设百问百答／朱世平，饶海华编著. —广州：广东人民出版社，2019.9（2023.7 重印）
（新时代乡村振兴百问百答丛书）
ISBN 978-7-218-13688-2

Ⅰ. ①乡… Ⅱ. ①朱… ②饶… Ⅲ. ①农村生态环境—生态环境建设—中国—问题解答 Ⅳ. ①X321.2-44

中国版本图书馆 CIP 数据核字（2019）第 136789 号

XIANGCUN SHENGTAI WENMING JIANSHE BAIWENBAIDA
乡村生态文明建设百问百答
朱世平　饶海华　编著

出 版 人：肖风华

责任编辑：卢雪华　李宜励　廖智聪
封面设计：末末美书
插画绘图：詹颖钰
责任技编：吴彦斌　周星奎

出版发行：广东人民出版社
地　　址：广州市越秀区大沙头四马路 10 号（邮政编码：510199）
电　　话：（020）85716809（总编室）
传　　真：（020）83289585
网　　址：http://www.gdpph.com
印　　刷：三河市华东印刷有限公司
开　　本：889mm×1194mm　1/32
印　　张：5.125　字　数：115 千
版　　次：2019 年 9 月第 1 版
印　　次：2023 年 7 月第 4 次印刷
定　　价：23.00 元

如发现印装质量问题，影响阅读，请与出版社（020-85716849）联系调换。
售书热线：020-85716833

《新时代乡村振兴百问百答丛书》

总　序

　　党的十九大提出实施乡村振兴战略，是以习近平同志为核心的党中央着眼党和国家事业全局，深刻把握现代化建设规律和城乡关系变化特征，顺应亿万农民对美好生活的向往，对"三农"工作作出的重大决策部署，是新时代做好"三农"工作的总抓手。习近平总书记十分关心乡村振兴工作，多次对乡村振兴工作作出部署或者具体指示。比如，2017 年 12 月习近平总书记主持召开中央农村工作会议，对走中国特色社会主义乡村振兴道路作出全面部署；2018 年 7 月，习近平总书记对实施乡村振兴战略作出重要指示，强调各地区各部门要充分认识实施乡村振兴战略的重大意义，把实施乡村振兴战略摆在优先位置，坚持五级书记抓乡村振兴，让乡村振兴成为全党全社会的共同行动；2018 年 9 月，习近平总书记在十九届中共中央政治局第八次集体学习会上，深刻阐述了实施乡村振兴战略的重大意义、总目标、总方针、总要求，强调实施乡村振兴战略要按规律办事，要注意处理好长期目标和短期目标的关系、顶层设计和基层探索的关系、充分发挥市场决定性作用和更好发挥政府作用的关系、增强群众获得感和适应发展阶段的关系；2018年12月，在中央农村工作会议上，习近平总书记对做好"三农"工作作出重要指示，要求深入实施乡村振兴战略，对标全面建成小康社会必须完成的"硬任务"，适应国内外环境变化对我国农村改革发展提出的新要求，统一思想、坚定信心、落实工作，巩固发展农业农村好形势。中共中央、国务院也先后出台了《关于实施乡村振兴战略的意见》和《乡村振兴战略规划（2018—2022年)》，对乡村振兴工作作了安排部署。

面对新时代新形势新任务新要求，我们深深感到，习近平总书记关于做好"三农"工作的重要论述，是实施乡村振兴战略、做好新时代"三农"工作的理论指引和行动指南。可以说，我们在乡村振兴工作实践中遇到的一切问题，都可以从习近平总书记的论述中找到答案，那是我们推进乡村振兴工作实践的教科书。另一方面，广大农民和农村基层党员干部、"三农"工作者迫切需要把思想和行动统一到党中央关于"三农"工作的一系列决策部署上来，准确把握习近平总书记重要讲话和批示指示的丰富内涵和精神实质，坚持用习近平总书记关于做好"三农"工作的重要论述武装头脑、指导实践、推动工作。

鉴于此，我们策划了这套《新时代乡村振兴百问百答丛书》。丛书准确把握习近平总书记关于实施乡村振兴的重要讲话精神，按照乡村振兴"产业兴旺、生态宜居、乡风文明、治理有效、生活富裕"的总要求，从农村基层党建、产业乡村、美丽乡村、幸福乡村、平安乡村、文明乡村、健康乡村、富裕乡村、安全乡村等九个方面为切入点，帮助与引导相结合，既宣讲中央精神，引导广大农民充分发挥在乡村振兴中的主体作用，也阐述了农民和农村基层党员干部、"三农"工作者急迫需要知晓的乡村振兴政策法规知识和科学常识，在乡村振兴路上为农民释疑解惑。

丛书的几位编者或出身农民，或从事农村基层工作，又或从事"三农"的科研教学。编者们既能学懂弄通习近平总书记和中央关于"三农"工作的精神和政策法规，也懂农民，懂"三农"工作者，所以丛书有如下几个特点：

一是农民需要。结合新时代乡村振兴的特点，紧跟农民紧迫需要，普及知识政策与教育引导相结合。讲鼓励、扶持政策，也讲限制、禁止的法律法规。

二是方便实用。丛书采取一问一答的形式，立足于农民和农村基层党员干部、"三农"工作者的实际需求，方便随时查阅。每个主题又独立成册，有独立的逻辑框架，政策性、知识性和实用性、指导性相结合。

三是农民看得懂。通俗易懂，尊重农民和农村基层干部阅读习惯，提问精准，符合农民和农村基层干部实际需要，答问文字晓畅清晰、科学准确。

四是生动有趣。丛书面向全国读者，没有地域局限性，有典型案例或者视频介绍，帮助读者理解。

当然，鉴于时间和编者水平有限等因素，丛书难免有所错漏，欢迎广大读者批评指正。

丛书主编　何　军

2019 年 8 月

目 录
CONTENTS

第一章 乡村振兴，生态宜居是关键

1. 为什么说美丽乡村是乡村振兴的总要求和基本原则之一？

 / 003

2. 如何推进乡村绿色发展，打造人与自然和谐共生发展新

 格局？ / 004

3. 如何推进宜居宜业的美丽乡村建设，持续改善农村人居

 环境？ / 006

4. 什么是"农村人居环境整治三年行动"？ / 007

5. 强化乡村规划引领推进乡村建设有什么要求？ / 008

6. 如何推进农业绿色发展？ / 008

7. 中央对加强乡村生态保护与修复有什么要求？ / 010

第二章　农村人居环境整治

8. 国家对农村垃圾处理的总体目标是什么？　/ 015

9. 农村垃圾的含义是什么？　/ 015

10. 目前农村地区开展垃圾处理工作有哪些有启示的实践？
　　　　/ 016

11. 目前农村垃圾处理技术主要有哪些？　/ 017

12. 农村垃圾如若不良处理有什么危害？　/ 018

13. 农村生活垃圾处理有什么法规依据？　/ 019

14. 城乡生活垃圾可分为几类？　/ 020

15. 农村生活垃圾处理有哪些要求？　/ 021

16. 对农村垃圾分类投放有哪些具体要求？　/ 022

17. 什么是生活垃圾分类管理责任人制度，责任人有什么
　　具体责任？　/ 024

18. 对餐饮垃圾处理有什么要求？　/ 025

19. 垃圾清扫、收集、运输与处置的原则性要求是什么？
　　　　/ 026

20. 违反生活垃圾处理的有关规定将受到怎样的处罚？　/ 027

21. 为什么要对"农家乐"进行环境保护控制？　/ 028

22. "农家乐"旅游开发经营中的污染问题有哪些？　/ 029

23. 如何控制"农家乐"带来的环境污染？　/ 030

24. 过度使用化肥会给环境带来怎样的污染？ / 031

25. 过度和不规范使用农药将给环境带来怎样的污染？
   / 032

26. 没吃过药，人体中为什么也会有抗生素？ / 033

27. 滥用抗生素的危害到底有多大？ / 033

28. 如何防范农药化肥抗生素给环境带来的污染？ / 035

29. 什么是土壤污染？ / 036

30. 造成土壤污染的原因主要有哪些？ / 036

31. 当前农村土地污染有什么特点？ / 038

32. 农村土地污染将带来什么危害？ / 039

33. 如何治理土地污染？ / 040

34. 畜禽养殖污染的具体形式有哪些？ / 042

35. 农村畜禽养殖污染会带来什么危害？ / 042

36. 如何防治农村畜禽养殖污染？ / 044

37. 什么是"厕所革命"？ / 046

38. 为什么说"厕所革命"是破解乡村治理难题的重要举措？
   / 046

39. "厕所革命"将带来什么效益？ / 048

40. "厕所开放联盟"是什么？ / 051

三 第三章 林业经济发展

41. 植树造林有哪些补贴？ / 055

42. 发展林下经济有哪些优惠政策？ / 058

43. 申请林权抵押贷款需要哪些条件？ / 061

44. 林业贴息贷款的具体条件是什么？ / 062

45. 如何申报林业贴息贷款？ / 063

46. 政策性森林保险保费补贴的对象和比例有什么规定？

／063

47. 什么是退耕还林？ / 064

48. 为什么要坚持退耕还林，退耕还林有什么意义？ / 065

49. 退耕还林补助有什么标准？ / 067

50. 什么情况下耕地应纳入退耕还林规划？ / 068

51. 签订退耕还林合同应包括哪几方面内容？ / 069

52. 什么是天然林？ / 070

53. 国家对天然林保护有哪些政策规定？ / 070

54. 实现封山育林的主要措施有哪些？ / 074

第四章 水土资源保护

55. 什么是水资源保护？ / 079

56. 国家对农村饮用水水源保护工作有什么要求？ / 079

57. 水污染包括哪些方面，水污染对人体健康有什么危害？

／080

58. 水污染形成的原因是什么，有哪些防治措施？ / 081

59. 什么是水土保持，水土保持有什么意义？　/ 082

60. 水土保持对水资源保护有什么作用？　/ 082

61. 水土保持的措施有哪些？　/ 083

62. 退耕还湿能带来什么效益？　/ 084

63. 退牧还草有什么重要意义？　/ 087

64. 退牧还草工程补贴标准是什么？　/ 089

65. 为什么要实行农业水价综合改革？　/ 089

66. 农业水价综合改革的目标是什么？　/ 090

67. 深入推进农业水价综合改革有何重要意义？　/ 091

第五章　生态农业发展

68. 什么是有机产品、绿色食品、无公害农产品？　/ 095

69. 认证无公害农产品、绿色食品、有机产品有什么意义？

　　/ 095

70. 认证无公害农产品需要满足什么条件？　/ 096

71. 如何认证绿色食品？　/ 097

72. 申请有机产品认证应提交什么资料？　/ 101

73. 什么是观光农业？　/ 102

74. 观光农业有哪些类型？　/ 103

75. 中国发展观光农业的现实意义有哪些？　/ 104

76. 为什么说"绿水青山就是金山银山"？　/ 106

77. 什么是生态旅游？ / 109

78. 如何使生态旅游持续健康发展？ / 110

79. 什么是生态农业旅游？ / 110

80. 生态农业旅游对农业经济的发展有什么作用？ / 111

第六章　乡村生态保护和补偿

81. 什么是生态功能保护区？ / 121

82. 设立生态功能保护区要怎么补偿给林权者？ / 121

83. 什么是国家公园？ / 122

84. 中国为什么要建立国家公园体制，其根本目的是什么？ / 122

85. 近年来，"国家公园"逐渐成为一个热门词汇，很多地方都有建设国家公园的想法，那么"国家公园"的定位到底是什么，有什么特点？ / 123

86. 国家公园强调的全民公益性如何体现，普通百姓怎么受益？ / 125

87. 什么叫森林碳汇？ / 126

88. 什么叫碳汇造林？ / 126

89. 什么是林业碳汇？ / 127

90. 国内的林业碳汇项目及碳汇交易是怎样进行的？ / 127

91. 什么是生态补偿机制？ / 128

92. 什么是生态补偿转移支付？ / 129

93. 生态补偿有哪些方式？ / 130

94. 什么是国家重点生态功能区？ / 131

95. 中国有多少个国家重点生态功能区？ / 131

96. 在重点生态功能区实施产业准入负面清单的意义是什么？ / 133

97. 应如何筛选纳入重点生态功能区产业准入负面清单的产业，限制类和禁止类产业如何划分？ / 134

98. 地方应如何结合区域资源禀赋条件、主体功能定位、产业比较优势，科学制定重点生态功能区产业准入负面清单？ / 135

99. 国家重点生态功能区转移支付制度的政策目标是什么？ / 136

100. 生态保护补偿的补偿范围是什么？ / 137

101. 生态保护补偿的分配办法是什么？ / 137

102. 生态保护补偿的保障措施是什么？ / 138

后记 / 144

第一章

乡村振兴，生态宜居是关键

生态宜居

1. 为什么说美丽乡村是乡村振兴的总要求和基本原则之一？

　　乡村振兴，建设好生态宜居美丽乡村是关键。良好生态环境是农村最大的优势和宝贵财富。必须尊重自然、顺应自然、保护自然，推动乡村自然资本加快增值，实现百姓富、生态美的统一。《中共中央 国务院关于实施乡村振兴战略的意见》（简称《意见》）指出，乡村振兴要坚持农业农村优先发展，按照产业兴旺、生态宜居、乡风文明、治理有效、生活富裕的总要求，建立健全城乡融合发展体制机制和政策体系，统筹推进农村经济建设、政治建设、文化建设、社会建设、生态文明建设和党的建设。可见，建设生态宜居美丽乡村是乡村振兴的总要求之一。《意见》提出，要坚持人与自然和谐共生。牢固树立和践行绿水青山就是金山银山的理念，落实节约优先、保护优先、自然恢复为主的方针，统筹山水林田湖草系统治理，严守生态保护红线，以绿色发展引领乡村振兴。因此，这是乡村振兴必须坚持的基本原则之一。

2. 如何推进乡村绿色发展，打造人与自然和谐共生发展新格局？

《意见》指出，推进乡村绿色发展，一要统筹山水林田湖草系统治理。把山水林田湖草作为一个生命共同体，进行统一保护、统一修复。实施重要生态系统保护和修复工程。健全耕地草原森林河流湖泊休养生息制度，分类有序退出超载的边际产能。扩大耕地轮作休耕制度试点。科学划定江河湖海限捕、禁捕区域，健全水生生态保护修复制度。实行水资源消耗总量和强度双控行动。开展河湖水系连通和农村河塘清淤整治，全面推行河长制、湖长制。加大农业水价综合改革工作力度。开展国土绿化行动，推进荒漠化、石漠化、水土流失综合治理。强化湿地保护和恢复，继续开展退耕还湿。完善天然林保护制度，把所有天然林都纳入保护范围。扩大退耕还林还草、退牧还草，建立成果巩固长效机制。继续实施三北防护林体系建设等林业重点工程，实施森林质量精准提升工程。继续实施草原生态保护补助奖励政策。实施生物多样性保护重大工程，有效防范外来生物入侵。

二要加强农村突出环境问题综合治理。加强农业面源污染防治，开展农业绿色发展行动，实现投入品减量化、生产清洁化、废弃物资源化、产业模式生态化。推进有机肥替代化肥、畜禽粪污处理、农作物秸秆综合利用、废弃农膜回收、病虫害绿色防控。加强农村水环境治理和农村饮用水水源保护，实施农村生态清洁小流域建设。扩大华北地下水超采区综合治理范围。推进重金属污染耕地防控和修复，开展土壤污染治理与修复技术应用试点，加大东北黑土地保护力度。实施流域环境和近岸海域综合治理。严禁工业和城镇污染向农业农村转移。加强农村环境监管能力建设，落实县乡两级农村环境保护主体责任。

三要建立市场化多元化生态补偿机制。落实农业功能区制度，加大重点生态功能区转移支付力度，完善生态保护成效与资金分配挂钩的激励约束机制。鼓励地方在重点生态区位推行商品林赎买制度。健全地区间、流域上下游之间横向生态保护补偿机制，探索建立生态产品购买、森林碳汇等市场化补偿制度。建立长江流域重点水域禁捕补偿制度。推行生态建设和保护以工代赈做法，提供更多生态公益岗位。

四要增加农业生态产品和服务供给。正确处理开发与保护的关系，运用现代科技和管理手段，将乡村生态优势转化为发展生态经济的优势，提供更多更好的绿色生态产品和服务，促进生态和经济良性循环。加快发展森林草原旅游、河湖湿地观光、冰雪海上运动、野生动物驯养观赏等产业，积极开发观光农业、游憩休闲、健康养生、生态教育等服务。创建一批特色生态旅游示范村镇和精品线路，打造绿色生态环保的乡村生态旅游产业链。

3. 如何推进宜居宜业的美丽乡村建设，持续改善农村人居环境？

要建设好生态宜居的美丽乡村，必须整治农村人居环境。《意见》提出要以农村垃圾、污水治理和村容村貌提升为主攻方向，整合各种资源，强化各种举措，稳步有序推进农村人居环境突出问题治理。坚持不懈推进农村"厕所革命"，大力开展农村户用卫生厕所建设和改造，同步实施粪污治理，加快实现农村无害化卫生厕所全覆盖，努力补齐影响农民群众生活品质的短板。总结推广适用不同地区的农村污水治理模式，加强技术支撑和指导。深入推进农村环境综合整治。推进北方地区农村散煤替代，有条件的地方有序推进煤改气、煤改电和新能源利用。逐步建立农村低收入群体安全住房保障机制。强化新建农房规划管控，加强"空心村"服务管理和改造。保护保留乡村风貌，开展田园建筑示范，培养乡村传统建筑名匠。实施乡村绿化行动，全面保护古树名木。持续推进宜居宜业的美丽乡村建设。

4. 什么是"农村人居环境整治三年行动"?

根据《中共中央 国务院关于坚持农业农村优先发展做好"三农"工作的若干意见》，农村人居环境整治三年行动主要内容有如下几个方面。

一是深入学习推广浙江"千村示范、万村整治"工程经验，全面推开以农村垃圾污水治理、厕所革命和村容村貌提升为重点的农村人居环境整治，确保到 2020 年实现农村人居环境阶段性明显改善，村庄环境基本干净整洁有序，村民环境与健康意识普遍增强。鼓励各地立足实际、因地制宜，合理选择简便易行、长期管用的整治模式，集中攻克技术难题。

二是建立地方为主、中央补助的政府投入机制。中央财政对农村厕所革命整村推进等给予补助，对农村人居环境整治先进县给予奖励。中央预算内投资安排专门资金支持农村人居环境整治。允许县级按规定统筹整合相关资金，集中用于农村人居环境整治。鼓励社会力量积极参与，将农村人居环境整治与发展乡村休闲旅游等有机结合。

三是广泛开展村庄清洁行动。开展美丽宜居村庄和最美庭院创建活动。农村人居环境整治工作要同农村经济发展水平相适应、同当地文化和风土人情相协调，注重实效，防止做表面文章。

5. 强化乡村规划引领推进乡村建设有什么要求？

《中共中央 国务院关于坚持农业农村优先发展做好"三农"工作的若干意见》提出，把加强规划管理作为乡村振兴的基础性工作，实现规划管理全覆盖。以县为单位抓紧编制或修编村庄布局规划，县级党委和政府要统筹推进乡村规划工作。按照先规划后建设的原则，通盘考虑土地利用、产业发展、居民点建设、人居环境整治、生态保护和历史文化传承，注重保持乡土风貌，编制多规合一的实用性村庄规划。加强农村建房许可管理。

6. 如何推进农业绿色发展？

中共中央、国务院印发《乡村振兴战略规划（2018—2022年）》指出，要以生态环境友好和资源永续利用为导向，推动形成农业绿色生产方式，实现投入品减量化、生产清洁化、废弃物资源化、产业模式生态化，提高农业可持续发展能力。

一是强化资源保护与节约利用。实施国家农业节水行动，建设节水型乡村。深入推进农业灌溉用水总量控制和定额管理，建立健全农业节水长效机制和政策体系。逐步明晰农业水权，推进农业水价综合改革，建立精准补贴和节水奖励机制。严格控制未利用地开垦，落实和完善耕地占补平衡制度。实施农用地分类管理，切实加大优先保护类耕地保护力度。降低耕地开发利用强度，扩大轮作休耕制度试点，制定轮休耕规划。全面普查动植物种质资源，推进种质资源收集保存、鉴定和利用。强化渔业资源管控与养护，实施海洋渔业资源总量管理、海洋渔船"双控"和休禁渔制度，科学划定江河湖海限捕、禁捕区域，建设水生生物保护区、海洋牧场。

二是推进农业清洁生产。加强农业投入品规范化管理，健全投入品追溯系统，推进化肥农药减量施用，完善农药风险评估技术标准体系，严格饲料质量安全管理。加快推进种养循环一体化，建立农村有机废弃物收集、转化、利用网络体系，推进农林产品加工剩余物资源化利用，深入实施秸秆禁烧制度和综合利用，开展整县推进畜禽粪污资源化利用试点。推进废旧地膜和包装废弃物等回收处理。推行水产健康养殖，加大近海滩涂养殖环境治理力度，严格控制河流湖库、近岸海域投饵网箱养殖。探索农林牧渔融合循环发展模式，修复和完善生态廊道，恢复田间生物群落和生态链，建设健康稳定田园生态系统。

三是集中治理农业环境突出问题。深入实施土壤污染防治行动计划，开展土壤污染状况详查，积极推进重金属污染耕地等受污染耕地分类管理和安全利用，有序推进治理与修复。加强重有色金属矿区污染综合整治。加强农业面源污染综合防治。

加大地下水超采治理，控制地下水漏斗区、地表水过度利用区用水总量。严格工业和城镇污染处理、达标排放，建立监测体系，强化经常性执法监管制度建设，推动环境监测、执法向农村延伸，严禁未经达标处理的城镇污水和其他污染物进入农业农村。

7. 中央对加强乡村生态保护与修复有什么要求？

中共中央、国务院印发《乡村振兴战略规划（2018—2022年)》指出，要大力实施乡村生态保护与修复重大工程，完善重要生态系统保护制度，促进乡村生产生活环境稳步改善，自然生态系统功能和稳定性全面提升，生态产品供给能力进一步增强。

一是实施重要生态系统保护和修复重大工程。统筹山水林田湖草系统治理，优化生态安全屏障体系。大力实施大规模国土绿化行动，全面建设三北、长江等重点防护林体系，扩大退耕还林还草，巩固退耕还林还草成果，推动森林质量精准提升，加强有害生物防治。稳定扩大退牧还草实施范围，继续推进草原防灾减灾、鼠虫草害防治、严重退化沙化草原治理等工程。保护和恢复乡村河湖、湿地生态系统，积极开展农村水生态修复，连通河湖水系，恢复河塘行蓄能力，推进退田还湖还湿、退圩退垸还湖。大力推进荒漠化、石漠化、水土流失综合治理，实施生态清洁小流域建设，推进绿色小水电改造。加快国土综合整治，实施农村土地综合整治重大行动，推进农用地和低效建设用地整理以及历史遗留损毁土地复垦。加强矿产资源开发集中地区特别是重有色金属矿区地质环境和生态修复，以及损毁山体、矿山废弃地修复。加快近岸海域综合治理，实施蓝色海湾整治行动和自然岸线修复。实施生物多样性保护重大工程，提升各类重要保护地保护管理能力。加强野生动植物保护，强化外来入侵物种风险评估、监测预警与综合防控。开展重大生态修复工程气象保障服务，探索实施生态修复型人工增雨工程。

二是健全重要生态系统保护制度。完善天然林和公益林保护制度，进一步细化各类森林和林地的管控措施或经营制度。完善草原生态监管和定期调查制度，严格实施草原禁牧和草畜平衡制度，全面落实草原经营者生态保护主体责任。完善荒漠生态保护制度，加强沙区天然植被和绿洲保护。全面推行河长制湖长制，鼓励将河长湖长体系延伸至村一级。推进河湖饮用水水源保护区划定和立界工作，加强对水源涵养区、蓄洪滞涝区、滨河滨湖带的保护。严格落实自然保护区、风景名胜区、地质遗迹等各类保护地保护制度，支持有条件的地方结合国家公园体制试点，探索对居住在核心区域的农牧民实施生态搬迁试点。

三是健全生态保护补偿机制。加大重点生态功能区转移支付力度，建立省以下生态保护补偿资金投入机制。完善重点领域生态保护补偿机制，鼓励地方因地制宜探索通过赎买、租赁、置换、协议、混合所有制等方式加强重点区位森林保护，落实草原生态保护补助奖励政策，建立长江流域重点水域禁捕补偿制度，鼓励各地建立流域上下游等横向补偿机制。推动市场化多元化生态补偿，建立健全用水权、排污权、碳排放权交易制度，形成森林、草原、湿地等生态修复工程参与碳汇交易的有效途径，探索实物补偿、服务补偿、设施补偿、对口支援、干部支持、共建园区、飞地经济等方式，提高补偿的针对性。

四是发挥自然资源多重效益。大力发展生态旅游、生态种养等产业，打造乡村生态产业链。进一步盘活森林、草原、湿地等自然资源，允许集体经济组织灵活利用现有生产服务设施用地开展相关经营活动。鼓励各类社会主体参与生态保护修复，对集中连片开展生态修复达到一定规模的经营主体，允许在符合土地管理法律法规和土地利用总体规划、依法办理建设用地审批手续、坚持节约集约用地的前提下，利用 1% ~ 3% 治理面积从事旅游、康养、体育、设施农业等产业开发。深化集体林权制度改革，全面开展森林经营方案编制工作，扩大商品林经营自主权，鼓励多种形式的适度规模经营，支持开展林权收储担保服务。完善生态资源管护机制，设立生态管护员工作岗位，鼓励当地群众参与生态管护和管理服务。进一步健全自然资源有偿使用制度，研究探索生态资源价值评估方法并开展试点。

落实好这项行动是我们的责任！

8. 国家对农村垃圾处理的总体目标是什么?

随着中国城乡建设进程加快和农村经济条件改善,农村也面临着多重问题,其中最严重的是农村垃圾的污染。农村垃圾污染问题已成为影响农民生活生产、农村城镇化建设和可持续发展的重要因素。当前农村垃圾成分复杂、产量巨大,对农村生态环境的影响日趋严重,阻碍了中国建设"美丽乡村"的进程,近年来的中央一号文件都强调农村环境处理问题,《中华人民共和国国民经济和社会发展第十三个五年规划纲要》中提出实行最严格的环境保护制度,形成政府、企业、公众共治的环境处理体系;到2020年,全国90%的行政村的生活垃圾要得到治理。

9. 农村垃圾的含义是什么?

农村垃圾是指农村居民在生活生产过程中产生的综合废弃物,它不仅包括家畜粪便、厨余等有机物,卫生纸、玻璃、塑料、橡胶、金属等废品,还包括农药容器、灯泡、电池等有毒有害物。目前，厨余、粪便、纸类、橡塑类等是农村垃圾的主要成分。首先，以瓜果、菜帮、菜叶等餐厨类垃圾为主的农村垃圾占垃圾总量的 37.83%；其次，橡塑、玻璃、纸类、纺织类和金属类等可回收垃圾含量占垃圾总量 30.66%；最后，以混泥土渣、燃料灰分、家禽粪便等灰土成分为主的农村垃圾占垃圾总量的 26.49%。此外，电池、家用电灯等废品也不可忽视。

10. 目前农村地区开展垃圾处理工作有哪些有启示的实践？

原环保部将农村垃圾处理模式总结为"户分类、村收集、镇转运、县处理"，是指农户首先将垃圾按照一定分类方法堆放、贮存，以村为单位将垃圾运输至乡镇垃圾中转站，乡镇环卫部门负责将垃圾集中运输至县级垃圾处理场地进行无害化处理。这一模式是目前符合中国国情的农村垃圾处理方式，但由于环保意识薄弱等主客观因素，给依据此模式处理农村垃圾的各级政府带来很大压力。

目前，全国已有部分地区陆续开展了农村生活垃圾处理的实践性和探索性工作，例如，湖南省长沙县果园镇拥有全国首个农村环保合作社。果园镇的垃圾一般分为三类：可堆肥垃圾、可回收利用垃圾和有毒有害不可降解垃圾。可堆肥垃圾由村、组保洁员督促农户丢入垃圾池中进行堆沤，待发酵后再还田处理；可回收利用垃圾以及有毒有害不可降解垃圾，由村保洁员以政府指导价到农户家上门收购。由于成果明显，果园镇的分类处理模式在长沙县得到全面推广。如今，长沙县每个镇都有农村环保合作社，建立起了"分户收集、分户处理、村民自治、政府补贴、合作社运行"的垃圾处理模式，实现了城乡垃圾处理全覆盖。

11. 目前农村垃圾处理技术主要有哪些？

原环保部发布的《农村生活污染防治技术政策》中指出，对无法纳入城镇垃圾处理系统的农村生活垃圾，应选择经济、适用、安全的处理处置技术，在分类收集基础上，采用无机垃圾填埋处理、有机垃圾堆肥处理等技术。目前国内广泛采用的农村生活垃圾处理方式有填埋、堆肥、焚烧等，这三种主要垃圾处理方式的比例因地理环境、垃圾成分、经济发展水平等因素不同而有所区别。

12. 农村垃圾如若不良处理有什么危害?

危害主要有如下几个方面。一是占用土地、损害地表。目前由于垃圾处理水平和技术的限制，农村垃圾处理主要采取就地堆放、填埋、焚烧等方式，所以大量垃圾会占用大面积土地，影响工农业生产，破坏地表植被，严重影响农作物生长，进而导致粮食减产，严重影响农村经济的可持续发展。

二是污染土壤、水体、大气。垃圾是一种成分复杂的混合物。在运输和露天堆放过程中，一些固体废弃物垃圾填埋后会降低土壤的肥力和活力；另一些固体废弃物在风和水流等外力的作用下汇入河流会污染水源，造成农村淡水资源的短缺。此外，垃圾中有机物的分解会产生恶臭，并向大气释放出大量的氨、硫化物等污染物，污染空气。

三是严重破坏农村生态环境。农村垃圾中持久性的有机污物在环境中难以降解，这类废弃物进入水体或者深入土壤中，将会严重影响当代人和后代人的健康，对生态环境造成长期的不可估量的影响。

四是危害人体健康。固体废弃物中所含有的有毒物质和病原体，可以通过各种渠道传播疾病，也会造成大多数地区蚊蝇滋生，并为细菌滋生提供条件，进而威胁村民的健康。

13. 农村生活垃圾处理有什么法规依据？

《村民委员会组织法》第八条规定，村民委员会依照法律规定，保护和改善生态环境。生活垃圾的清运和管理属于保护和改善生态环境的重要内容，因此，由村委会组织对农村生活垃圾的清运和管理。

《村庄和集镇规划建设管理条例》第三十三条规定，任何单位和个人都应当维护村容镇貌和环境卫生，妥善处理粪堆、垃圾堆、柴草堆，养护树木花草，美化环境。第三十九条规定，有下列行为之一的，由乡级人民政府责令停止侵害，可以处以罚款；造成损失的，并应当赔偿：

（1）损坏村庄和集镇的房屋、公共设施的。

（2）乱堆粪便、垃圾、柴草，破坏村容镇貌和环境卫生的。

为了规范城乡生活垃圾处理，控制污染，保护环境。2015年9月25日，广东省第十二届人民代表大会常务委员会第二十次会议通过了《广东省城乡生活垃圾处理条例》。全国各省对农村生活垃圾的具体管理可能略有不同，但总体精神大致相同。

《广东省城乡生活垃圾处理条例》于2016年1月1日起正式实施，是国内第一个针对垃圾分类，并将农村生活垃圾处理纳入立法的省级法规。该条例建立完善了城乡生活垃圾分类制度、垃圾收运处理体系及垃圾处理设施建设规定，并从财政预算和垃圾处理收费等方面明确了经费保障。

14. 城乡生活垃圾可分为几类？

城乡生活垃圾应当分类，并投放到指定的收集点或者收集容器内。城乡生活垃圾分为以下四类：

（1）可回收物，是指适宜回收和可循环再利用的物品，如纸制品、塑料制品、玻璃制品、纺织品和金属等。

（2）有机易腐垃圾，是指餐饮垃圾、家庭厨余垃圾和废弃的蔬菜、瓜果、花木等。

（3）有害垃圾，是指对人体健康、自然环境造成直接或者潜在危害的物质，如废弃的充电电池、纽扣电池、灯管、医药用品、杀虫剂、油漆、日用化学品、水银产品以及废弃的农药、化肥残余及包装物等。

（4）其他垃圾，是指前三项以外的生活垃圾，如惰性垃圾，不可降解的一次性用品、普通无汞电池、烟蒂、纸巾、家庭装修废弃物、废弃家具等。

15. 农村生活垃圾处理有哪些要求？

农村生活垃圾的处理方式主要有如下几种：

（1）可回收垃圾交由再生资源回收企业回收。

（2）有机易腐垃圾应当按照农业废弃物资源化的要求，采用生化处理等技术就地处理，直接还田、堆肥或者生产沼气。

（3）低价值可回收物、有害垃圾应当建立收集点，专项回收，集中处理。

（4）惰性垃圾实行就地深埋。

（5）其他类型的垃圾由市、县（区）统筹处理。

（6）城乡接合部或者人口密集的农村的生活垃圾，纳入城市生活垃圾分类收运处理系统。

（7）偏远地区或者人口分散的农村的生活垃圾在充分回收、合理利用基础上，因地制宜就近处理；不能就近处理的，应当纳入城市生活垃圾分类收运处理系统。

（8）鼓励通过市场化方式，选择承担生活垃圾清扫、收集、运输和处置工作的单位。从事清扫、收集、运输、处置的单位应当按照合同约定履行工作职责，并执行环卫作业标准和规定。

案例：

为破解对农村环境困扰日趋严重的农村垃圾处理问题，韶关市始兴县通过公开招标，引进一家科技物业公司，对全县农村生活垃圾实行专业清运。

通过"户保洁—村集中—乡镇清洁专业公司清运至中转站—中转站压缩转运集中无害化填埋处理"模式，始兴县成功实行垃圾分类减量压缩无害化处理。始兴县已实现了农村生活垃圾清运保洁全覆盖，所有墟镇、主干道等重点区域的生活垃圾实现了日产日清。

另外，2016 年，南雄市财政累计安排 18 个镇（街道）农村生活垃圾专项资金合计 1063 万元，各镇（街道）自行投入资金 160 万元。通过市镇两级投入的资金，南雄市城乡添置了大量的垃圾桶和垃圾运输工具，保洁队伍逐步步入正轨。该市村庄保洁覆盖面达到 100%，232 个行政村（居委）中有 90% 达到了生活垃圾收集、转运、处理常态化。

通过推进农村生活垃圾市场化运营管理，引进企业将全市各乡镇的生活垃圾进行集中转运处理，使农村生活垃圾综合整治工作得到进一步开展，垃圾有效处理率达 86.6%。

16. 对农村垃圾分类投放有哪些具体要求?

根据《广东省城乡生活垃圾处理条例》有关精神，对农村垃圾分类投放的具体要求是：

（1）各级人民政府应当加强生活垃圾处理的宣传教育，增强公众生活垃圾减量、分类意识，倡导绿色健康的生活方式，鼓励公众参与生活垃圾处理的监督活动。

（2）教育主管部门应当把生活垃圾源头减量、分类、回收利用和无害化处理等知识作为学校教育和社会实践的内容。

（3）农村地区的生活垃圾处理费，通过政府补贴、社会捐赠、村民委员会筹措等方式筹集。市、县（区）人民政府负责对农村生活垃圾处理的经费进行保障。

（4）生活垃圾处理费应当专项用于生活垃圾的清扫、收集、运输和处置，不得挪作他用。

（5）任何单位和个人不得随意倾倒、抛撒、焚烧或者堆放垃圾。

（6）可回收物应当交由再生资源回收企业处理。市、县（区）人民政府应当制定并公布可回收目录，合理布局再生资源回收网络，制定低价值可回收物回收利用优惠政策，鼓励企业参与低价值可回收物的回收利用。

（7）有害垃圾由具有经营许可证的专业企业处理。

（8）居民家庭装修废弃物和废弃沙发、衣柜、床等大件家具应当预约环境卫生作业单位或者再生资源回收站处理，不得投放到垃圾收集点或者收集容器内。

17. 什么是生活垃圾分类管理责任人制度，责任人有什么具体责任？

生活垃圾分类管理实行管理责任人制度，其具体内容有：

（1）住宅小区、街巷等实行物业管理的，由物业管理单位负责；单位自行管理的，由自管单位负责；没有物业管理或者单位自行管理的，由居民委员会负责。

（2）农村地区由村民委员会负责。

（3）机关、部队、企事业单位、社会团体及其他组织的办公场所，由本单位负责。

（4）建设工程的施工现场，由建设单位负责。

（5）集贸市场、商场、展览展销、餐饮服务、商铺等经营场所，由经营管理单位负责；没有经营管理单位的，由经营单位负责。

（6）道路、公路、铁路沿线、桥梁、隧道、人行过街通道（桥）、机场、港口、码头、火车站、长途客运站、公交场站、轨道交通车站、公园、旅游景区、河流与湖泊水面等公共场所和公共建筑，由所有权人或者其他实际管理人负责。

（7）不能确定生活垃圾分类管理责任人的，由所在地乡镇人民政府、街道办事处落实责任人。

生活垃圾分类管理责任人的工作责任具体如下：

（1）建立生活垃圾日常分类管理制度，记录产生的生活垃圾种类和去向，并接受环境卫生主管部门的监督检查。

（2）开展生活垃圾分类知识宣传，指导、监督单位和个人开展生活垃圾分类。

（3）根据生活垃圾产生量和分类方法，按照标准和分类标志设置生活垃圾分类收集点和收集容器，并保证生活垃圾分类收集容器正常使用。

（4）明确生活垃圾的投放时间、地点。

（5）制止混合已分类的生活垃圾的行为。

（6）督促检查垃圾分类，把垃圾交由相关单位处理。

18. 对餐饮垃圾处理有什么要求？

（1）各级人民政府应当加强对餐饮垃圾的控制和管理，提高餐饮垃圾资源化利用和无害化处理水平。

（2）环境卫生主管部门应当制定餐饮垃圾产生、收集、运输、处置等过程的联单制度或者信息化监管措施，对餐饮垃圾收集、运输、处置设施的运行管理情况进行实时监督和定期检查。

（3）餐饮垃圾产生单位应当落实餐饮垃圾源头减量分类工作责任，餐饮垃圾应当交给有经营许可证的单位收运处理，不得直接排入公共水域、厕所、市政管道或者混入其他生活垃圾。

（4）从事餐饮垃圾处置的单位在处置过程中应当采取有效

的污染控制措施，按照生活垃圾处置标准，实施无害化处置。

（5）禁止将餐饮垃圾及其加工物用于原料生产、食品加工，禁止使用未经无害化处理的餐饮垃圾饲养畜禽。

19. 垃圾清扫、收集、运输与处置的原则性要求是什么？

垃圾的清扫、收集、运输与处置方面的原则性要求如下：

（1）市、县（区）、乡镇、街道及村（居）应当建立生活垃圾清扫制度，明确清扫区域、标准要求、作业规范。道路两侧、山边、河流（涌）、湖泊、水库及沿岸应当纳入清扫范围。

机关、团体、企事业等单位应当按照城市人民政府市容环境卫生主管部门划分的卫生责任区域负责清扫生活垃圾。

（2）城乡生活垃圾由市、县（区）人民政府组织收运，乡镇、街道、村（居）应当按照市、县（区）人民政府的要求做好生活垃圾收运工作。

（3）收集、运输生活垃圾的单位应当根据生活垃圾分类、收集量、作业时间等因素，做好收集和运输工作：

①按时收集生活垃圾；

②将生活垃圾运输至符合规定的转运或者处置设施；

③生活垃圾应当实行密闭化运输，在运输过程中不得丢弃、扬撒、遗漏垃圾以及滴漏污水；

④垃圾运输线路应当避开水源保护区；

⑤不得混合收运已分类的生活垃圾；

⑥不得擅自将境外和省外生活垃圾转移至本省处理。

（4）城乡生活垃圾应当分类处置，充分回收利用，不能回收利用的采取无害化焚烧、生化技术、卫生填埋等方式进行处置。

鼓励发展生活垃圾焚烧发电方式，以焚烧发电为依托，结合先进技术和综合处理方式，建设集约化生活垃圾处理环境园。

（5）生活垃圾收集、运输、处置单位应当严格执行各项工程技术规范、操作规程和污染控制标准，及时处理生活垃圾处理过程中产生的废水、废气、废渣等，建立污染物排放监测制度和措施，定期向所在地环境卫生主管部门和环境保护主管部门报告监测结果，并按照规定向社会公开监测结果。

（6）有机易腐垃圾的处置应当采用以生化处理为主的综合处理方式。

鼓励集贸市场、超市、食堂、餐饮单位以及有条件的居住区安装符合标准的有机易腐垃圾处理装置，就地处理有机易腐垃圾。

20. 违反生活垃圾处理的有关规定将受到怎样的处罚？

（1）未将生活垃圾分类投放到指定的收集点或者收集容器

内，随意倾倒、抛撒、焚烧或者堆放的，由市、县（区）人民政府环境卫生主管部门责令停止违法行为，并对单位处五千元以上五万元以下的罚款，对个人处二百元以下的罚款。

（2）将家庭装修废弃物或者废弃沙发、衣柜、床等大件家具投放到垃圾收集点或者收集容器内的，处二百元以下的罚款。

（3）未按规定缴纳垃圾处理费的，由市、县（区）人民政府环境卫生主管部门责令限期缴纳。逾期不缴纳的，对单位处应当缴纳的垃圾处理费三倍以下不超过五万元的罚款；对个人处应当缴纳的生活垃圾处理费三倍以上不超过一千元的罚款。

（4）妨碍、阻挠生活垃圾管理监督检查工作的，妨碍环卫工人正常保洁作业的，或者围堵生活垃圾收集、处置设施和运输车辆，阻碍生活垃圾处理设施建设和正常运行的，由公安机关依照《中华人民共和国治安管理处罚法》处理；涉嫌犯罪的，依法移送司法机关追究刑事责任。

21. 为什么要对"农家乐"进行环境保护控制？

实施"农家乐"旅游开发和经营两个过程中的环境保护措施，进行有效的环境保护控制，需要：

（1）保障旅游业可持续发展。

（2）保护"农家乐"旅游地区的自然资源及生态环境，尤其是土壤、水体等生态恢复需要较长时期的资源。

（3）提升当地人们的环保意识，在追求经济利益的同时也不能对破坏环境的行为视而不见。

（4）保障该地区人们的生产生活，避免环境恶化影响到本地区整体社会经济的发展。

（5）实现农村经济可持续发展。"农家乐"旅游应循着"生态旅游"的模式健康、良性发展，切实发挥旅游带动农村经济发展的作用，达到经济效益、社会效益和环境效益的有机统一。

22. "农家乐"旅游开发经营中的污染问题有哪些？

"农家乐"旅游开发经营中容易带来的环境污染问题主要有如下几个方面：

（1）旅游农业活动污染。旅游农业活动污染是指直接为"农家乐"旅游服务的农业种植、养殖等生产活动而造成的对土壤、水体、空气等的污染。

（2）生活垃圾污染。由于开展"农家乐"旅游地区的垃圾处理能力非常有限，因此生活垃圾污染问题比较严峻，给正常的农业生产和生活活动带来压力。

（3）噪声污染。噪声污染的表现比较明显，主要包括汽车等机动车、船的噪声和喧闹的卡拉 OK、舞曲等噪声的污染，这些主要来自城市的声音打破了乡村生活的宁静氛围，影响了动植物的生长和繁衍，同时也在一定程度上违背了"农家乐"旅游的初衷和主题。

（4）建设项目污染。建设项目污染主要是指在开展"农家乐"经营的乡村地区进行食宿、娱乐、旅游道路、养殖等设施的工程建设对环境所造成的破坏和污染。

（5）社会环境污染。"农家乐"旅游业的发展促进了当地经济的发展，当地人商业意识觉醒的同时也可能滋生一些不健康的经营意识，如粗野拉客、哄抬物价、恶意宰客等现象。

23. 如何控制"农家乐"带来的环境污染？

减少和控制"农家乐"带来的环境污染，应该做好如下几方面工作。

（1）加强管理。把"农家乐"旅游纳入有序的管理范围是解决环境污染问题的基础。制订区域性的"农家乐"旅游开发规划和环境保护规划，实际的开发经营应以它们为指导，并进行必要的环境评估和监测，建立旅游区（点）的环境质量指标数据库，使环境保护规范化、科学化。实施"农家乐"旅游经营户的准入制度，实施挂牌经营，不能是只要有一点资源就有资格"开门接客"。

（2）加强对游客的环保教育。包括：采取用书面材料如门票、宣传册、导游册等宣传教育的方式；在景区（点）树立警示牌、挂宣传条幅的方式。当然，通过当地人自己的言行来激发游客的环境保护意识也是非常有效的手段。

（3）引入科技力量，拓展投资渠道，提升旅游开发经营层次。提升"农家乐"旅游开发经营的层次，拓展投资渠道，采取多种开发投资方式，同时，还应积极引入科技力量以提高环境控制水平。

（4）增强垃圾处理能力。要消除垃圾污染问题，主要从以下几方面着手：第一，必须在景区（点）配置一定数量的垃圾箱、垃圾收集站，实施垃圾集中处理措施；第二，旺季时在当地调派临时工担任环卫工人进行环境监督和管理，同时对经营户进行环保教育；第三，在垃圾污染严重的景区（点），必要时可采取经济手段进行控制。

24. 过度使用化肥会给环境带来怎样的污染？

长期使用化肥会造成重金属污染，这些污染物一旦进入土壤后，不仅不能被微生物降解，而且可以通过食物链不断在生物体内富集，甚至可以转化为毒性更大的甲基化合物，最终在人体内累积，危害健康。土壤环境一旦遭受重金属污染就难以彻底消除。还有，氮肥的使用使地下水硝酸盐浓度上升，若人体内累积过多硝酸盐会有致癌风险。

25. 过度和不规范使用农药将给环境带来怎样的污染?

过度和不规范地使用农药，将给水体、土地和大气带来污染。

（1）水体污染：化学农药最直接的影响在于污染水体，农田被雨水冲刷，农药则进入江河，进而污染海洋。这样，农药就由气流和水流带到世界各地。残留土壤中的农药则可通过渗透作用到达地层深处，从而污染地下水。若使用被污染的地下水来浇灌农作物，有可能使农作物受到污染，甚至减产。

（2）土地污染：由于农药的大量、大面积使用，不当滥用，以及农药的不可降解性，会对土地造成严重的污染，并由此威胁着人类的安全。

（3）大气污染：由于农药的施用通常采用喷雾的方式，农药中的有机溶剂和部分农药会飘浮在空气中，从而污染大气。

26. 没吃过药，人体中为什么也会有抗生素？

环境中抗生素的来源主要包括生活污水、医疗废水，以及动物饲料和水产养殖排放的废水等。环境中的抗生素残留又会通过各种方式重新进入人体，最主要的就是喝了含有抗生素的水、吃了存在抗生素残留的肉类和蔬菜，另外，抗生素还可以通过生态循环的方式回到人体。

27. 滥用抗生素的危害到底有多大？

2013年，8名中国和美国科学家在《美国国家科学院院刊》发表了一篇研究报告，指出三家中国商业养猪场中的粪肥里发现了149种"独特"的抗生素耐药基因。

耐药基因可通过环境、食用上述动物的肉制品等方式传播至人体，有的形成"超级细菌"，导致人们难以甚至不可能通过常规抗生素来治疗感染，而新药的研发根本来不及跟上。

从药学领域而言，广谱（指能针对绝大多数细菌）抗生素大致分为青霉素类、碳青霉烯类、β-内酰胺类、氨基糖苷类、四环素类、大环内酯类、磺胺类、喹诺酮类等。不同的药物，在人体或动物体内不同的半衰期（药物衰变为其他物质）不同，以喹诺酮类药物（如诺氟沙星等）为例，其半衰期较长，在自然界中化学稳定性很好。它需要足够长的时间降解成其他物质，如果人类长期低量摄入含有喹诺酮类的水、肉食，其直接的结果就是产生耐药性。

喹诺酮类药物的人体耐药性问题是较为普遍的现象。比如第三代喹诺酮类药物氟哌酸，已经基本治疗不了细菌感染性腹泻，再如同是喹诺酮类药物的诺氟沙星、左氧氟沙星，其对于呼吸系统、泌尿系统感染的治疗效果也在渐渐降低，这就是耐药性的表现。

广州地化所研究报告显示，喹诺酮类药物的用量仍然很大，以诺氟沙星为例，2013年全国用了5440吨，其中畜用4427吨。有信息显示，原农业部已经意识到喹诺酮类药物在养殖业中滥用的危害，早已决定停止4类喹诺酮类药物在养殖业中的使用。其他还有一些小分子的抗生素，其半衰期也很长，在自然界中化学稳定性很好，长期微量摄入也有类似的导致耐药性的结论。

抗生素在人类和动物身上的滥用被认为是产生耐药性细菌的主要原因。在中国动物的饲养周期中，农民和农场主们一直向其投喂少量的药物，这些药物不是用于治愈患病动物，而是为了促生长，并抑制因近距离接触彼此的粪便而引发的疾病。动物吃下抗生素之后，只有很少一部分被吸收，大部分都会随粪便排出体外，造成环境污染。

有报告显示，抗生素的使用量、预测环境浓度、地表水环境中的细菌耐药率与医院的细菌耐药率存在正相关，其中使用年代较短的新型抗生素正相关更显著。

28. 如何防范农药化肥抗生素给环境带来的污染？

防范农药化肥抗生素给环境带来的污染，应采取如下措施：

（1）对粪便、垃圾和生活污水进行无害化处理。

（2）加强对工业废水、废气、废渣的治理和综合利用。

（3）在生产中，合理使用农药和化肥，不仅要控制化学农药的用量、使用范围、喷施次数和喷施时间，提高喷洒技术，还要改进农药剂型，严格限制剧毒、高残留农药的使用，重视低毒、低残留农药的开发与生产，积极发展高效、低毒、低残留的农药，禁止使用残留时间长的农药，如六六六、滴滴涕等有机氯农药。

（4）根据土壤的特性、气候状况和农作物生长发育特点，配方施肥，严格控制有毒化肥的使用范围和用量。增施有机肥，提高土壤有机质含量，可增强土壤胶体对重金属和农药的吸附能力。

（5）积极慎重地推广污水灌溉，对灌溉农田的污水，进行严格的监测和控制。

（6）加强对土地的管理，加强宣传教育，让广大群众认识土壤污染的严重危害，树立保护土壤的观念。

29. 什么是土壤污染？

土壤污染，是指由于人类活动产生的污染物质通过各种途径进入土壤，其数量超过土壤的容纳和同化能力，而使土壤的性质、组成及性状等发生变化，并导致土壤的自然功能失调、土壤质量恶化的现象。

30. 造成土壤污染的原因主要有哪些？

土壤的污染，一般是通过大气与水污染的转化而产生，它们可以单独起作用，也可以相互重叠和交叉进行，属于点污染的一类。随着农业现代化，特别是农业化学化水平的提高，大量化学肥料及农药散落到环境中，土壤遭受非点污染的机会越来越多，其程度也越来越严重。在水土流失和风蚀作用等的影响下，污染面积不断地扩大。

根据污染物质的性质不同，土壤污染物分为无机物和有机物两类。无机污染物主要有酸，碱，重金属，盐类，放射性元素铯、锶的化合物，含砷、硒、氟的化合物等；有机污染物主要有酚类、氰化物、石油、4-苯并芘类和合成洗涤剂类以及由城市污水、污泥及厩肥带来的有害微生物等。以上这些化学污染物主要是由污水、废气、固体废物、农药和化肥带进土壤并积累起来的。

（1）污水灌溉对土壤的污染：生活污水和工业废水中，含有氮、磷、钾等许多植物所需要的养分，所以合理地使用污水灌溉农田，一般有增产效果。但污水中还含有重金属、酚、氰化物等许多有毒有害的物质，如果污水没有经过必要的处理而直接用于农田灌溉，会将污水中有毒有害的物质带至农田，污染土壤。例如冶炼、电镀、燃料、汞化物等工业废水能引起镉、汞、铬、铜等重金属污染；石油化工、肥料、农药等工业废水会引起酚、三氯乙醛等有机物的污染。

（2）大气污染对土壤的污染：大气中的有害气体主要是工业生产中排出的有毒废气，它的污染面大，会对土壤造成严重污染。工业废气的污染大致分为两类：一是气体污染，如二氧化硫、氟化物、臭氧、氮氧化物、碳氢化合物等；二是气溶胶污染，如粉尘、烟尘等固体粒子及烟雾、雾气等液体粒子，它们通过沉降或降水进入土壤，造成污染。例如，有色金属冶炼厂排出的废气中含有铬、铅、铜、镉等重金属，对附近的土壤造成污染；生产磷肥、氟化物的工厂会对附近的土壤造成粉尘污染和氟污染。

（3）化肥对土壤的污染：施用化肥是农业增产的重要措施，但不合理的使用，也会引起土壤污染。长期大量使用氮肥，会破坏土壤结构，造成土壤板结及生物学性质恶化，影响农作物的产量和质量。过量地使用硝态氮肥，会使饲料作物含有过多的硝酸盐，妨碍牲畜体内氧的输送，使其患病，严重的会导致其死亡。

（4）农药对土壤的污染：农药能防治病、虫、草害，如果使用得当，可保证作物的增产，但它是一类危害性很大的土壤污染物，施用不当，会引起土壤污染。喷施于作物体上的农药（粉剂、水剂、乳液等），除部分被植物吸收或逸入大气外，约有一半左右散落于农田，这一部分农药与直接施用于田间的农药（如拌种消毒剂、地下害虫熏蒸剂和杀虫剂等）构成农田土壤中农药的基本来源。农作物从土壤中吸收农药，在根、茎、叶、果实和种子中积累，通过食物、饲料危害人体和牲畜的健康。此外，农药在杀虫、防病的同时，也使有益于农业的微生物、昆虫、鸟类遭到伤害，破坏了生态系统，使农作物遭受间接损失。

（5）固体废物对土壤的污染：工业废物和城市垃圾是土壤的固体污染物。例如，各种农用塑料薄膜作为大棚、土壤覆盖物被广泛使用，如果管理、回收不善，大量残膜碎片散落田间，会造成农田"白色污染"。这样的固体污染物既不易挥发，也不易被土壤微生物分解，是一种长期滞留土壤的污染物。

31. 当前农村土地污染有什么特点？

作为一个农业大国，中国的农业用地面积广阔且土地形态、地质结构复杂多样。农村土地污染主要呈现出以下特点：

（1）累积性。土地作为环境的重要组成要素之一，本身具有一定的净化能力（或称环境的自我修复能力）。但从另一方面来看，任何环境要素的承载能力都是有限的，不能超出土地本身的容纳和净化能力。

（2）隐蔽性和滞后性。就其隐蔽性而言，土地污染并不像水体、大气和废弃物污染等问题那样直接，仅仅通过对土壤样品进行分析化验和农作物的残留检测往往不够，甚至还要通过研究对人畜健康状况的影响才能确定。土地污染的滞后性主要是由其自身的累积性所致。从土地污染到最终环境问题的集中爆发往往需要经过长期的积累与富集。

（3）与其他环境要素污染呈现交叉性。生态环境具有整体性的特征，各个环境要素之间紧密相连。土地作为环境要素的重要组成部分，与水体、大气等其他环境要素共同构成整个农村生态系统。当土地受到污染时，那些外源性污染经由渗透、冲刷、风化等自然作用，会侵入到水体、大气等其他环境要素中。

32. 农村土地污染将带来什么危害？

农村土地受到污染之后所带来的影响和危害是严重而持久的，表现在以下三个方面：

（1）土地污染严重危害人体健康。土地作为整个农业生产的最基本的要素，是所有农作物生长的承载与根基。在发生土地污染的情况下，土地中大量的外源性污染物质经作物的生长而富集于农作物中，并经由食物链的自然勾连，最终进入人畜体内，从而严重危害人体的健康。

（2）土地污染导致巨大的经济损失。土壤肥力的高低直接决定了农业种植业的经济效益，而土地污染的主要后果就是造成土地质量的急剧下降，并直接影响农作物的生产情况。此外，由于化肥、农药的过度施用，放射性污染以及其他形式的土地污染所造成的损失，尚难以进行具体量化。中国同时也是一个农产品出口大国。农村土地污染引发的农产品质量问题使中国的农产品出口贸易频遭绿色壁垒，严重影响了农产品的出口创汇。

（3）土地污染导致生态环境问题。生态环境系统中的各个要素呈现整体性的特征，各环境要素之间相互影响，呈现交互性的交叉态势。因此，一旦土地受到污染后，会导致其他环境次生问题，最终致使整个生态系统退化。

33. 如何治理土地污染？

（1）对各种污染源排放进行浓度和总量控制。

（2）对农业用水进行经常性监测、监督，使之符合农田灌溉水质标准。

（3）合理施用化肥、农药，慎重使用下水污泥、河泥、塘泥；利用城市污水灌溉，必须进行净化处理。

（4）推广病虫草害的生物防治和综合防治，以及整治矿山以防止矿毒污染等。

（5）采取生物措施改良污染土壤。积极推广使用农药污染的微生物降解菌剂，以减少农药残留量。严重污染的土壤可改种某些非食用的植物，如花卉、林木、纤维作物等。

（6）污染土壤治理的化学方法。对于重金属轻度污染的土壤，使用化学改良剂可使重金属转为难溶性物质，减少植物对它们的吸收。但施用化学改良剂时，要注意避免造成新的土壤污染。

（7）增施有机肥料。增施有机肥料可增加土壤有机质和养分含量，既能改善土壤理化性质特别是土壤胶体性质，又能增大土壤容量，提高土壤净化能力。

（8）改变耕作制度。改变耕作制度会引起土壤条件的变化，可消除某些污染物的毒害。

（9）换土和翻土。对于轻度污染的土壤，采取深翻土或换无污染的客土的方法。对于污染严重斑块状的土壤，可采取铲除表土或换客土的方法。

防治土壤污染的首要任务是控制和消除土壤污染源，防止新的土壤污染；对已污染的土壤，要采取一切有效措施，清除土壤中的污染物，改良土壤，防止污染物在土壤中的迁移转化。

34. 畜禽养殖污染的具体形式有哪些？

主要形式有：畜禽粪便造成的环境污染；畜禽养殖场在畜禽养殖过程中排放的畜禽废渣（畜禽舍垫料、废饲料及散落的毛羽等固体废物）；高浓度畜禽养殖废液的随意倾倒；清洗畜禽体、饲养场地、器具产生的污水；家畜呼出的气体和其消化道排出的废气中含有的二氧化碳、硫化氢等恶臭气体；畜禽舍内风机、清粪机、真空泵等机械运行的噪声污染；病死畜禽体的非净化处理后的遗留物。

35. 农村畜禽养殖污染会带来什么危害？

（1）对大气的污染。畜禽养殖过程会产生大量的恶臭气体，包含甲烷、有机酸、氨、醇类等200多种有毒有害成分，污染养殖场及周围空气，降低农村环境整体质量。同时，由畜禽养殖产生的甲烷是一种仅次于二氧化碳的温室气体，一旦释放到空气中就会吸收地球表面散发的热量，产生温室效应。

（2）对水体的污染。畜禽养殖过程中所产生的高浓度饲养废水、畜禽养殖用具的清洗用水，以及畜禽粪尿等在未经处理的情况下随意倾倒、排放，会经由径流作用污染地表水体或经由渗透作用污染地下水体，极易导致周围水环境的污染。这些废水如果未经处理直接排入水体，水中氮、磷等营养物质含量的增加会导致水体严重富营养化，引起藻类大量繁殖，使水体的溶解氧减少，致使水生植物和水中的鱼类缺氧死亡。鱼类死亡腐烂后产生恶臭物质，使水质发黑和变臭。如果这些水用作灌溉用水，会使禾苗徒长、倒伏及稻谷晚熟，从而严重影响农业生产。

（3）传播人畜共患疾病。人畜共患病是指那些由共同病原体引起的可在人类与脊椎动物之间互相传染的疾病。据世界卫生组织和联合国粮农组织统计，目前已知的能够于人畜之间互相传染的疾病共有90余种。

（4）影响畜禽自身的生长。畜禽生产的环境卫生状况与畜禽的正常生长发育有很大关系，比如由粪便产生的 NH_3（氨气）、H_2S（硫化氢）等气体可使猪的生产性能下降，严重时会造成仔猪死亡，NH_3（氨气）还影响猪的繁殖性能。

（5）污染畜禽产品。滥用抗生素添加剂及饲喂霉变饲料会造成畜禽产品的污染。畜禽生产以畜禽本身作为最终产出，因此，畜禽生产所产生的环境污染的后果除了在其生产过程中对其他环境要素所造成的影响，亦包括对其最终产出即畜禽产品所造成的污染。

（6）重金属元素污染环境。铜、汞等重金属元素被允许微量用于畜禽生产，其恰当地使用会促进畜禽产量的增长，但如果过度使用会给环境造成不容忽视的影响。总之，畜禽养殖污染源会对农村大气、水体、土壤、生物各圈层造成交叉立体影响，是农村环境污染的主要表现形式之一。

36. 如何防治农村畜禽养殖污染?

（1）合理规划生产布局。农户应根据当地自然条件和自身优势，本着有利于生产、方便管理、防止污染的原则，因地制宜选择畜禽饲养种类。对农户集中的自然村，可由当地政府统一规划或农户自愿结合，集中建设畜禽厩舍，共同投资粪便处理设施。

（2）有效控制饲养总量。合理制订农村畜牧业发展规划：首先要科学论证当地畜禽最佳饲养量，并根据这个饲养量来安排畜禽养殖计划。其次要根据生产的发展和群众生活水平的提高的情况，鼓励农户走专业化发展道路。

（3）提高养殖技术水平，改变饲养方式。改养猪熟食为生食，减少燃料的耗损；改放牧、散牧为圈养、舍饲，减少对环境的污染。通过人工种植牧草，青贮、干制牧草，推广氨化秸秆等技术措施来保证圈养、舍饲畜禽一年四季饲料的来源，从而既能够提高对农副产品下脚料的利用率，降低成本增加养殖收益，又可以减少放牧、散牧对周围环境的破坏。

（4）加强农村环保教育，加大违法处罚力度。当前农村的环保教育还是一个薄弱环节，需要从三个方面入手来加强这方面的工作：一是加强对成年农民的教育，提高他们的环保意识，使现有的环境得到保护；二是加强农村中小学生的环保知识教育，让他们从小学习生产发展与环境保护知识，使农村生活水平提高与环境保护有一个可持续的未来；三是要加强对农村基层干部教育，使他们把农村环境保护工作纳入自己日常工作范围。此外，对过载过牧的、养殖大户环保设施投入不足的、畜禽粪便随地排放的，若经教育不改则由有关执法主体，通过增收排污费、治理费进行控制。

（5）提倡生态饲料饲喂。一是优化日粮中蛋白质结构，控制氮的环境污染：氮是畜禽粪便中造成污染的主要物质，因而提高蛋白质营养物质的利用率显得非常重要。二是合理配合饲料，减少磷、重金属对环境污染。

（6）合理利用和处理畜禽粪便。除牧、沼、果、渔立体种养利用畜禽粪便模式外，下面几种方式对畜禽粪便处理与利用也有好的效果：

①利用草食类大型动物如牛、马、驴等粪便推广蘑菇种植项目，既可达到粪便处理的目的，又可获得可观经济收入，从而一举两得。

②推广无公害绿色食品生产，减少农药、化肥在农产品生产上的使用，提高畜禽粪便回田率。

③随着人民生活水平的提高，种草养花的人越来越多，对种草养花所需的小包装有机肥料的需求也日益增多。因此，通过脱水、除臭工艺，把畜禽粪便做成小包装的有机肥料有着广阔的市场。

37. 什么是"厕所革命"?

"厕所革命"是指对发展中国家的厕所进行改造的一项举措，最早由联合国儿童基金会提出。厕所是衡量文明的重要标志，厕所卫生状况直接关系到这些国家人民的健康和环境状况。

2017 年 11 月，习近平总书记就旅游系统推进"厕所革命"工作取得的成效作出重要指示。这是总书记三年来第二次对"厕所革命"作出重要指示。2018 年 2 月，郑州市政府公布的《郑州市城市老旧片区建设提质工作方案》显示，郑州将实施"厕所革命"，按照 4~7 座每平方公里的标准，满足"沿主要街道服务半径不大于 300 米、一般道路服务半径不大于 500 米、滨河公园服务半径不大于 800 米"的要求。

38. 为什么说"厕所革命"是破解乡村治理难题的重要举措?

2014 年 12 月，习近平总书记在江苏调研时表示，解决好厕所问题在新农村建设中具有标志性意义，要因地制宜做好厕所下水道管网建设和农村污水处理，不断提高农民生活质量。

多年来，中国政府持续改善农村地区厕所状况。20 世纪 60 年代，爱国卫生运动开展的"两管五改"里面就有改厕。到了 20 世纪 90 年代，中国将改厕工作纳入《中国儿童发展规划纲要》和《关于卫生改革与发展的决定》，在广大农村掀起了一场"厕所革命"。

2004 年以来，中央累计投入 82.7 亿元，改造农村厕所 2103 万户。截至 2013 年年底，中国农村卫生厕所普及率已达 74.09%。农村改厕的目标是中国农村卫生厕所普及率到 2020 年达到 85%。一些地方政府将厕所改造作为美丽乡村建设的突破口。其中，河北省规划用三年时间消灭农村连茅圈、路边厕和旱厕；到 2020 年，把全省农村打造成"环境整洁、设施配套、田园风光、舒适宜居"的升级版现代农村。

农村"厕所革命"推动了农民传统卫生习惯的改变，有助于带动普通农民更新卫生观念。随着改厕健康教育和卫生常识不断深入，越来越多的农民逐渐形成了饭前便后洗手、不喝生水、不吃生食等卫生习惯。

农村"厕所革命"等工程让农民的生活环境发生了巨大变化。如今农村家里有卫生厕所，村子有专人保洁，垃圾有车辆清运、也有地方填埋。越来越多人养成了爱护环境卫生的好习惯。农村厕所问题不仅仅是气味难闻，更重要的是卫生隐患大。厕所问题导致的人畜共患病在农村地区十分常见。此外，农村地区 80% 的传染病是由厕所粪便污染和饮水不卫生引起的，其中与粪便有关的传染病达 30 余种，常见的有痢疾、霍乱、肝炎、感染性腹泻等。而农村厕改使得农民肠道等传染病发病率逐年下降。例如，山西南部的绛县推广无害化卫生厕所之后，已经帮助6万多名农民告别蚊蝇滋生的老式旱厕，当地肠道传染病减少46%、蛔虫病减少40%、蝇虫密度降低90%以上。几十年来的实践充分证明，中国农村厕改工作是改善环境、防治疾病的治本之策，有力促进了农村生态文明建设，推动了民众文明卫生素质的提高，保障了民众的健康。

39. "厕所革命"将带来什么效益?

"厕所革命"将带来的效益主要体现在如下几个方面。

（1）卫生效益：消除粪便污染；减少儿童腹泻发病率；减少血吸虫病、蛔虫病感染率；改善家庭、社区环境卫生面貌。

（2）经济效益：节省医药费支出；提供高效优质有机肥，提高农作物收益，减少购买肥料支出；改善旅游环境和投资环境；促进卫生洁具、建材业等发展，增加新的就业机会，扩大内需。

（3）环境效益：提高土壤肥力；减少容器、水、土壤污染；减少臭气密度；减少苍蝇密度；减轻蔬菜污染；减轻水源污染。

（4）社会效益：增强群众卫生意识，提高健康水平；提高家庭生活质量；促进新农村建设；提高下一代人口的质量。

案例：

厕所"穿新装"不再冷冰冰

2015 年，广州市获评全国"厕所革命创新城市"和获得广东省"厕所革命先进市"称号；2016 年，再度被评为全国"厕所革命先进市"；2017 年，更是高标准承办了"全国厕所革命现场会"。当前，广州正抓住"厕所革命"契机，通过推进旅游厕所建设管理，进一步优化旅游大环境，树立广州旅游新形象。

在广州"厕所革命"中，不少市民发现厕所不再只是冷冰冰的砖墙、洗手盘那么呆板，原来厕所也能换上"新衣靓装"。

其中最具代表性的就是白云山风景区。在明珠楼桃花涧厕所，记者看到，厕所位于桃花涧景点溪流尽端，结合附近的山势和地形，改变以往厕所通常为单一建筑主体的形式，设计男女厕所建筑分离，营造出一组小桥、流水、小屋的特色景点，到达通道可连接景区主干道，可以同时满足景点内外游客的需求。

市民还赞，厕所不是"虚有其表"，而且还"很实用，内外兼修"。在厕所里，男小便区地面采用不同颜色的铺砖方式，并在内墙设计退台处理，既能起到视觉提醒靠近的作用，也提供给使用者临时放置物品的功能。标识系统采用镂空透光造型板和传统标识牌两者相结合的做法，使标识指引更加清晰、直观，打破了原有呆板的指引效果。

最为贴心的是，洗手区地面采用铝合金塑胶疏水地板的做法，并整体架空在水槽上，泼洒在地面上的水可以通过疏水地板直接排入水槽，有效解决地面湿滑的问题。

厕所除了好看、贴心好用之外，还要干净。在白云山风景区管理局专门制定的《厕所管理规定》里，要求厕所卫生做到"五无、五净"。"五无"即：无蝇蛆、无淤塞、无积水、无明显臭味、无破损设施；"五净"即：地面干净、坑位干净、瓷斗干净、墙面干净、周边环境干净。

岭南印象园厕所日常管理要求每日早上 8 时保洁员进入厕所进行保洁，对每一格纸篓进行清理，将隔夜纸篓逐一清理干净。其次将洁厕剂倒入便池浸泡大约 3～5 分钟，用专业的洁厕工具逐个清理便池。日常保洁全天需做三次，实际再根据具体的客流量增加保洁量，保洁员每日下班前将全部的保洁工具进行清理消毒。

类似的"厕所革命"改造还在长隆旅游度假区、正佳广场、太古汇高效完成。最新数据显示，三年来，广州市旅游局共安排 1000 万元专项资金扶持了 41 座乡村旅游厕所和 32 座旅游厕所示范项目建设，通过加大财政资金扶持力度，引导企业重视旅游厕所建设。其中，2015 年安排 200 万元扶持 20 座乡村旅游厕所建设项目；2016 年安排 500 万元扶持 20 个新建、20 个改建旅游厕所建设项目；2017 年安排 300 万元重点扶持 13 座旅游厕所示范项目。

（摘自《广州日报》2017 年 11 月 29 日，原标题为《广州厕所革命经验全国领先　厕所似景点市民竖拇指》，略有改动。）

40. "厕所开放联盟" 是什么?

"厕所革命"开展以来,为了弥补公厕不足的现状,各地党政机关、企事业单位主动开放内部厕所,为市民和游客打开"方便"之门。"厕所开放联盟"就是由这些自愿对外开放厕所的单位所组成。

案例:

2015年,济南市创新打造城市厕所开放联盟,荣获国家旅游局"中国旅游业改革发展创新奖"。2016年2月,在全国旅游厕所工作现场会议上,济南市获评"厕所革命"创新城市,将"厕所革命"落到了实处。

济南市创新打造城市厕所开放联盟,即鼓励具备条件的沿街机关事业单位、宾馆酒店、商场超市等开放内部厕所供游客免费使用。据了解,截至2016年2月,已有1100余座厕所加入,业已形成"济南特色"。

据了解,济南对加入联盟、对外开放的内部厕所,结合具体路段、客流量、保洁标准等因素,每年每户发放1000至3000元不等的补助费用。对单位投资新建、改建的厕所,并愿意纳入厕所开放联盟、供游客免费使用的,按厕位数量给予一定的资金奖励。

据悉，为满足旅游高峰期游客如厕需求，5A级景区"天下第一泉"附近打造了厕所开放联盟一条街。济南市城管局社会动员处武主任说："这个一条街是舜耕路、明湖路，游客相对集中的区域。"在"济南智慧城管"APP中搜索明湖路附近的公厕，查出结果有20余处，均围绕大明湖景区密集分布。

泉城济南的城市厕所开放联盟经验的宣传也对全国范围内进一步加强"厕所革命"起到了很好的推动作用。

第三章

林业经济发展

41. 植树造林有哪些补贴?

2016 年 12 月 9 日,财政部和原国家林业局下发《林业改革发展资金管理办法》,对林业资金统筹和安排做了调整和梳理。

国家林业方面的资金共分为林业产业发展支出、森林资源管护支出、森林资源培育支出、生态保护体系建设支出、国有林场改革支出五大类,其中与新型农业经营主体相关的,主要为森林资源培育支出和林业产业发展支出。

(1)森林资源培育支出。

①林木良种培育补助。包括良种繁育补助和良种苗木培育补助。良种繁育补助是指用于对良种生产、采集、处理、检验、储藏等方面的补助,补助对象为国家重点林木良种基地和国家林木种质资源库。良种苗木培育补助是指用于对因使用良种及采用组织培养、轻型基质、无纺布和穴盘容器育苗、幼化处理等先进技术培育良种苗木所增加成本的补助,补助对象为国有育苗单位。

案例：

关于植树造林的补贴申报——
现代种业提升工程制（繁）种基地项目

申报主体：院所、企业

项目要求：主要是果树种苗（含砧木）繁育基地、茶树无性系种苗繁育基地。果树区域性无病毒苗木繁育基地、茶树无性系种苗繁育基地要求 500 亩（1 亩 ≈ 6.667 平方米，下同）以上。

项目补贴：600 万元。

农业综合开发良种繁育项目

项目范围：苹果、柑橘、梨、葡萄、茶叶等。

项目要求：省级苗木繁育的主导企业，优先扶持合作社。

项目补贴：中央财政资金规模为 500 万元。

②造林补助。其是指对国有林场、林业职工（含林区人员，下同）、农民专业合作社和农民等造林主体在宜林荒山荒地、沙荒地、迹地、低产低效林地进行人工造林、更新和改造、营造混交林，面积不小于 1 亩的给予的适当的补助。

补贴标准一般为（具体看各地具体政策规定）：人工营造的，乔木林和木本油料林每亩补贴 200 元，灌木林每亩补贴 120 元（内蒙古、宁夏、甘肃、新疆、青海、陕西、山西等省区灌木林每亩补贴 200 元），水果、木本药材等其他林木、竹林每亩补贴 100 元；迹地人工更新、低产低效林改造每亩补贴 100 元。

③森林抚育补助。其是指对承担森林抚育任务的国有森工企业、国有林场、林业职工、农民专业合作社和农民开展间伐、补植、退化林修复、割灌除草、清理运输采伐剩余物、修建简易作业道路等生产作业所需的劳务用工和机械燃油等给予适当的补助。其抚育对象为国有林中，或集体和个人所有的公益林中的幼龄林和中龄林。一级国家级公益林不纳入森林抚育补助范围。往年森林抚育补助标准为每亩 100 元左右。

（2）林业产业发展支出。

①林业贷款贴息补助。林业贷款贴息补助是指对各类银行（含农村信用社和小额贷款公司）发放的符合贴息条件的贷款安排的利息的补助。

贴息条件为：各类经济实体营造生态林（含储备林）、木本油料经济林、工业原料林的贷款；国有林场、重点国有林区为保护森林资源、缓解经济压力开展的多种经营贷款，以及自然保护区、森林（湿地、沙漠）公园开展的生态旅游贷款；林业企业、林业专业合作社等以公司带基地、基地连农户（林业职工）的经营形式，立足于当地林业资源开发、带动林区和沙区经济发展的种植业以及林果等林产品加工业的贷款；农户和林业职工个人从事营造林、林业资源开发的贷款。

林业贷款贴息采取一年一贴、据实贴息的方式，年贴息率为 3%。对贴息年度（上一年度 1 月 1 日至 12 月 31 日）之内存续并正常付息的林业贷款，按实际贷款期限计算贴息。中央财政安排一定的补助资金，省级财政部门会同林业主管部门应当根据本省林业贷款实际情况，明确具体的贴息规模、贴息计算和拨付方式。

②林业科技推广示范补助。林业科技推广示范补助是指对承担林业科技成果推广与示范任务的林业技术推广站（中心）、科研院所、大专院校、国有林场和国有苗圃等单位，开展林木优良品种繁育、先进实用技术与标准的应用示范、与科技推广和示范项目相关的简易基础设施建设、必需的专用材料及小型仪器设备购置、技术培训、技术咨询等支出进行的补助。林业科技推广示范实行先进技术成果库管理，具体办法由国家林业和草原局另行制定。

③林业优势特色产业发展补助。林业优势特色产业发展补助是指用于支持油茶、核桃、油用牡丹、文冠果等木本油料及其他林业特色产业发展的补助支出。

42. 发展林下经济有哪些优惠政策？

林业项目投入大、见效慢、周期长，很多人选择发展林下经济，合理地利用林下资源，实施不同生产周期的种植、养殖经营活动，比如中药材种植、食用菌培养、养猪、养鸡等，取得一定的短期、中期收益，缓解资金压力。

（1）政策支持一：林下经济项目在全国各地基本都有，政策支持的主要方式是组织申报"林下经济示范基地""林下经济示范项目"等，对于符合条件并申报成功的，给予一定的财政补贴。财政补贴的额度根据项目不同、地方财政情况等，额度大概平均在 20 万～200 万元之间。

以广东省为例，广东计划到 2020 年，建立国家级、省级林下经济示范基地 100 个，每个补贴金额在 60 万元左右。参见下表：

广东省 2017 年省级林下经济和
特色经济林示范项目安排表（部分）

序号	地区	负责单位	项目类型	补助金额（万元）	备注
（十二）	肇庆市			360	
1	市本级	肇庆市林业科学研究所	林下经济示范基地建设	60	2016 年省级林下经济示范基地
2	市本级		特色经济林项目	300	
（十三）	清远市			530	
1	市本级	清远市天泉农业发展有限公司	林下经济示范基地建设	60	2016 年省级林下经济示范基地
2	市本级		特色经济林项目	250	
3	清新区		林下经济扶贫示范县建设	100	2016 年林下经济扶贫示范县

（续表）

序号	地区	负责单位	项目类型	补助金额（万元）	备注
4	清新区	广东林中宝食用菌有限公司	林下经济示范基地建设	60	2015 年省级林下经济示范基地
5	清新区	清远市檀香林业有限公司	林下经济示范基地建设	60	2015 年省级林下经济示范基地
（十四）	潮州市			160	
1	市本级		特色经济林项目	100	
2	潮安区	广东济公保健食品有限公司	林下经济示范基地建设	60	2016 年省级林下经济示范基地
（十五）	揭阳市			210	
1	市本级		特色经济林项目	150	
2	蓝城区	广东璠龙农业科技发展有限公司	林下经济示范基地建设	60	2016 年省级林下经济示范基地

（2）政策支持二：主要是林下中药材种植补贴，中央财政目前在广东、江西、黑龙江、四川等省份开展试点，各地补贴标准不一，基本在 100 元/亩~500 元/亩之间。

（3）政策支持三：主要是林权抵押贷款和针对林下经济发

展项目的财政贴息。具体可参照当地金融机构和相关贴息项目要求办理。

43. 申请林权抵押贷款需要哪些条件？

申请林权抵押贷款需持有经过年审的贷款卡、营业执照、税务登记证、组织机构代码证；为从事林业生产经营或从事与林业经济发展相关的生产经营活动的单位；经营活动正常且有一定的经济效益；投资与林业相关的项目，并具有一定的自有资金；有较为规范的财务制度，相关财务指标符合要求；资信良好，遵纪守法，无不良信用及债务记录；具有按时还本付息的意愿和相应的能力；金融机构要求的其他条件。

案例：

以广东省韶关市南雄市为例：南雄市林业贷款人需持有县级以上地方人民政府或国务院林业主管部门根据《森林法》或《农村土地承包法》的有关规定，按照有关程序，对国家所有的和集体所有的森林、林木和林地，个人所有的林木和使用的林地，确认了所有权或者使用权，并登记造册发放的林权证。同时，还需持有林权权利人的身份证、法人代表证明及该林木、森林和林地资产评估报告。目前，南雄市已开展林权抵押贷款的有南雄市农村信用联社，有需贷款的林农要出具中华人民共和国林权证等有关证件，贷款额及具体操作方式由贷款银行具体解说。

44. 林业贴息贷款的具体条件是什么？

林业贴息贷款是国家制定的一项惠农政策，由中央财政预算安排对林业贷款项目给予一定期限和比例的利息补贴。

贴息对象：只要所贷款项目是用于林业生产或林产品加工的，贷款申请企业或农户和林业职工个人均可享受本政策，但广东省内贷款用于种植经济林的不在此范围。

贴息率：中央财政年贴息率为3%；但等额本息还贷的年贴息率为1.5%。

贴息期限：林业贷款贴息期限为3年；林业贷款期限不足3年的，按实际贷款期限贴息。小额贷款（30万元或以下）贷款期限5年以上（含5年）的，贴息期限为5年；贷款期限不足5年的，按实际贷款期限贴息。贷款期限在3个月内的不予享受本政策。

45. 如何申报林业贴息贷款？

贴息贷款的申报程序很简单，由贷款项目单位向当地林业主管部门提出申请，林业部门协商同级财政部门同意后，即可逐级审核申报。

46. 政策性森林保险保费补贴的对象和比例有什么规定？

以广东省为例，广东省政策性森林保险保费补贴的对象是生长和管理正常且权属清晰的生态公益林、商品林的投保人。

保费补贴比例如下：

（1）省财政提供保费补贴的政策性森林保险业务，其保险责任为《广东省政策性森林保险试点工作方案》中规定的责任，每亩保险金额平均为 500 元。

（2）按照投保则补、不保不补的原则，各级财政对生态公益林和商品林投保人按不同比例给予保费补贴，具体为：

①生态公益林的补贴比例为 100%，其中中央财政补贴

50%；省属林场的生态公益林省财政补贴 50%；其他生态公益林省财政补贴 25%，市、县财政补贴 25%。

②商品林的补贴比例为 70%，其中中央财政补贴 30%；省属林场的商品林省财政补贴 40%；其他商品林省财政补贴 25%，市、县财政补贴 15%。其余 30% 由林木经营者自己负担。

③市、县（市、区）财政负担比例由各地确定，其中地级市财政负担比例不少于市、县财政负担总额的 50%。

（3）政策性森林保险保费由各级财政和投保人按照上述比例共同承担，市、县财政可根据实际提高补贴比例。由于各市、县或投保人自行增加保险责任而提高的保费，省财政不予补助。

（4）对省直管县财政改革试点县（市），地级市应按照省的政策安排帮扶资金。例如，广东省韶关市南雄市生态公益林由南雄市财政购买森林保险，商品林由林权权利人以 0.6 元/亩购买，省、市、县级市三级财政共贴助 1.6 元/亩，出现险情理赔标准为 500 元/亩。

47. 什么是退耕还林？

退耕还林就是从保护和改善生态环境出发，将易造成水土流失的坡耕地有计划、有步骤地停止耕种，按照适地适树的原则，因地制宜地植树造林，恢复森林植被。退耕还林工程建设包括两个方面的内容：一是坡耕地退耕还林；二是宜林荒山荒地造林。

48. 为什么要坚持退耕还林，退耕还林有什么意义？

　　退耕还林工程是党中央、国务院从中华民族生存和发展的战略高度出发，为合理利用土地资源、增加林草植被、再造秀美山川、维护国家生态安全，实现人与自然和谐共生而实施的一项重大战略工程；是党和国家领导人着眼于经济和社会可持续发展全局，审时度势，统揽全局，面向21世纪作出的重大战略决策。近几年的实践证明，退耕还林对改善生态环境、改变不合理生产方式、加快贫困地区农民脱贫致富、优化农村产业结构、促进农村经济发展发挥了积极的作用，被群众称为"民心"工程、"德政"工程。实施退耕还林不仅具有十分重要的现实意义，而且具有深远的历史意义。

　　首先，退耕还林是改善生态环境的迫切需要。目前，全国水土流失面积约295万平方千米，占国土面积的30.7%；沙化土地面积已达174万平方千米，占国土面积的18.2%。造成中国水土流失和土地沙化的重要原因，是长期以来人们盲目毁林开荒，沙进人退，致使生态环境恶化，灾害频繁。据全国土地资源调查资料，全国仅25度以上的坡耕地就达5.496万平方千米。毁林开荒虽然增加了耕地面积和粮食产量，但在生态环境方面却付出了巨大代价。由于长江、黄河上中游地区毁林开荒，陡坡耕种，已使之成为世界上水土流失最严重的地区之一，每年流入长江、黄河的泥沙量达20多亿吨，其中三分之二来自坡耕地。不断加剧的水土流失，导致江河湖泊不断淤积，使两大流域中下游地区水患加剧，水资源短缺的矛盾日益突出，给国民经济和人民生产生活造成巨大危害，国家也不得不年年花费大量人力、物力和财力投入防汛、抗旱和救灾济民等工作。

其次，实施退耕还林，既可以从根本上解决中国的水土流失问题，提高水源涵养能力，改善长江和黄河流域地区的生态环境，有效增强这一地区的防涝、抗旱能力，提高现有土地的生产力；又能为平原地区和中下游地区提供生态保障，促进平原地区和中下游地区工农业取得更快的发展。因此，实施退耕还林不仅能够促进长江和黄河流域等地区林业生产力及社会生产力的快速发展，也有利于全国生产力的健康发展，为社会经济的可持续发展奠定坚实的基础。

再次，退耕还林是改变农民传统耕种习惯，调整农村产业结构，促进地方经济发展和群众脱贫致富的有效途径。长期以来，人们在经济落后、农业生产力低下的情况下，盲目开荒种田，一直成为难以遏制的现象，这造成水土流失严重，沙进人退，并致使生态环境恶化，形成生态环境恶化与贫困的恶性循环。实施退耕还林，改变农民传统的广种薄收的耕种习惯，使地得其用，宜林则林、宜农则农，扩大森林面积，不仅从根本上保持水土、改善生态环境、提高现有土地的生产力，而且可以集中财力、物力加强基本农田建设，实行集约化经营，提高粮食单产，实现增产增收。

最后，退耕还林是现阶段中国拉动内需、保持国民经济快速增长的重大举措。面对当前复杂的国际国内政治经济形势，必须通过进一步扩大内需来拉动经济的发展，继续保持国民经济的中高速发展。近几年，农村经济发展明显滞后于城市经济发展，加上干旱、洪涝等灾害的影响，种粮食的收益很低，有些地方农民收入受到影响。拉动内需必须首先增加 9 亿农民的收入。实施退耕还林，开仓济贫，可以增加农民收入，有效拉动内需，促进国民经济的增长。

49. 退耕还林补助有什么标准？

根据国家有关政策，国家给退耕还林每亩补助 1500 元（其中中央财政专项资金安排现金补助 1200 元，国家发展改革委安排种苗造林费 300 元），分三次下达给省级人民政府：第一年 800 元（其中种苗造林费 300 元），第三年 300 元，第五年 400 元。

案例：

广西百色平果县旧城镇庆兰村人发明了一种让林子能在短期内有直接经济收益的办法，他们在林子中种上丛生竹。这一种，不仅让大山的绿更美，而且用竹子编制的各种用具，也给他们带来了不少收入。

庆兰村的竹筐全是用最好的竹皮编制的，非常结实，也很好看，每天都一卡车一卡车地运往城里。城里人如果买回去做收纳筐，一定非常有特色。村民说，这是公司到村里收购的，50元一对。满满一车的竹筐，价值能有几千元。竹子不愁长，一场雨后，竹笋便呼呼地往外冒，竹笋可以卖钱，竹材可以编织，而且竹子越砍长得越多。村里青壮年出外打工，老人、妇女都能用竹材编制各种用具赚钱。

平果县居住着壮、汉、瑶3个民族，有林地类面积13.4万公顷，2002年开始实施退耕还林。至2006年，全县共实施退耕还林工程34万亩，涉及12个乡镇、1.7万个农户，共投入资金42044.5万元，通过退耕还林，全县新增森林面积35.6万亩。退耕还林，特别是14.3万亩坡耕地退耕还林后，遏制了当地较为严重的水土流失，减少了自然灾害，有效改善了生态环境，野生动物逐年增多。退耕还林还极大地增强了平果人的生态环境保护意识，为生态文明建设打下坚实基础。

50. 什么情况下耕地应纳入退耕还林规划?

根据国务院《退耕还林条例》，下列耕地应纳入退耕还林规划并根据生态建设需要和国家财力有计划地实施退耕还林：

（1）水土流失严重的；

（2）沙化、盐碱化、石漠化严重的；

（3）生态地位重要、粮食产量低而不稳的。

江河源头及其两侧、湖库周围的陡坡耕地以及水土流失和风沙危害严重等生态地位重要区域的耕地，应当在退耕还林规划中优先安排。

51. 签订退耕还林合同应包括哪几方面内容？

退耕还林合同应包括的内容主要有如下几个方面：

（1）退耕土地还林范围、面积和宜林荒山荒地造林范围、面积；

（2）按照作业设计确定的退耕还林方式；

（3）造林成活率及其保存率；

（4）管护责任；

（5）资金和粮食的补助标准、期限和给付方式；

（6）技术指导、技术服务的方式和内容；

（7）种苗来源和供应方式；

（8）违约责任；

（9）合同履行期限。

村民签订的退耕还林合同的内容不得与国家其他有关退耕还林的规定相抵触。

52. 什么是天然林?

天然林又称自然林,包括自然形成与人工促进天然更新或萌生所形成的森林。其特点是环境适应力强,森林结构分布较稳定,但成长时间较长,按其退化程度可以大致分为原生林、次生林和疏林。

天然林是中国森林资源的主体,全国林地面积的64%是天然林,全国森林蓄积的83%以上来自天然林。中国的天然林主要分布在东北、内蒙古和西南等重点国有林区。

53. 国家对天然林保护有哪些政策规定?

国家对天然林保护的主要精神有:

一是施绿工程,即封山育林。封山育林是培育森林资源的一条十分重要的途径。它被定义为:通过研究森林顺向演替规律,采取积极的人工干预措施,促进其顺向演替,使森林植被从初级向高级演替阶段发展。根据不同地区的具体情况,封山育林常采取下列3种方法。

①全封。即将山彻底封闭起来，禁止入山进行各种生产、生活活动。

②轮封。就是将拟定进行封山育林的山地，区划成若干地段。先在其中一些地段实行封山，其余部分开山，群众可以入内进行生产活动。若干年后，将已封山的地段开放，再封禁别的地段。这样轮流封禁，既有利于育林，也照顾了群众利益，解决了群众生产、生活中的困难。

③半封。将山封闭起来，平时禁止入山，到一定季节进行开山，在保证林木不受损害的前提下，有组织地允许群众入山，开展各种生产活动，如采集蘑菇、野菜、野果以及砍柴等。这种封山法既有利于育林，也照顾了山区居民的经济利益。

二是全面停止采伐。中国全面停止天然林商业性采伐共分三步实施，2015年全面停止内蒙古、吉林等重点国有林区商业性采伐，2016年全面停止非天然林保护工程区国有林场天然林商业性采伐，2017年实现全面停止全国天然林商业性采伐。

2017年中央一号文件继2013年、2015年中央一号文件之后，又一次明确提出要加强国家储备林基地建设。中国《国家储备林建设规划（2018—2035年）》提出，将重点在东南沿海、长江中下游等七大区域，打造和培育20个国家储备林建设基地。力争到2030年，木材对外依存度在30%以下。

2000年，天然林保护工程正式实施。从一期到二期，从试点到扩面，从保护重点区域天然林到"争取把所有天然林都保护起来"，近20年间，天然林保护工程不仅改变了林区生产经营方式、经济社会发展方式，还带动全国重塑国土生态空间格局、走生态优先绿色发展之路，在国际国内产生了重大而深远的影响。

作为中国自然资源保护史上的"天字号"工程，截至 2017 年年底，国家共为天然林保护工程投入专项资金 3313.55 亿元，约相当于两个三峡工程的动态总投资。

近 20 年来，天然林保护工程累计完成公益林建设任务 2.75 亿亩，中幼龄林抚育任务 1 亿亩，使 19.32 亿亩天然林得以休养生息。工程区天然林面积增加近 1 亿亩，天然林蓄积增加 12 亿立方米，增加总量分别占全国的 88% 和 61%。

以广东为例，目前广东省对于天然林按国家要求实行划入生态公益林并执行森林生态效益补偿政策，一律禁止采伐天然林。

三是严控森林防火。以广东为例，广东省森林覆盖率为 58.2%，面积 984.9 万公顷，因此严控森林火灾尤为重要。韶关市是广东省森林大市，根据广东省韶关市 2019 年 1 月 1 日起实行的《韶关市野外用火管理条例》，严控森林防火的具体措施如下。

①森林防火区内禁止下列野外用火行为：

上坟烧纸、烧香点烛；燃放烟花爆竹、孔明灯等；携带易燃易爆物品；吸烟、野炊、烧烤、烤火取暖；烧野蜂、熏蛇鼠、烧山狩猎；炼山、烧杂、烧灰积肥、烧荒烧炭或者烧秸秆、田基草、果园草等；其他容易引起森林火灾的用火行为。

违反该条规定，在森林防火区内野外用火未引起森林火灾的，由县级以上人民政府林业行政主管部门责令停止违法行为，给予警告，对个人并处五百元以上二千元以下罚款，对单位并处一万元以上三万元以下罚款；引起森林火灾的，对个人并处两千元以上三千元以下罚款，对单位并处三万元以上五万元以下罚款；造成损失的，依法承担民事赔偿责任；构成犯罪的，依法追究刑事责任。

②农业生产生活区内禁止下列野外用火行为：

焚烧秸秆、田基草、果园草等；焚烧垃圾；烧野蜂、熏蛇鼠等；其他容易引起火灾和大气污染的用火行为。

确因农业生产需要焚烧秸秆、田基草、果园草等的，用火单位或者个人应当提前三天向所在地的村民委员会报告。用火单位或者个人应当指定专人监管用火现场，事先开设防火隔离带，在气象条件为森林火险等级三级或以下时用火；用火结束后，应当检查清理火场，确保明火和火星彻底熄灭，严防失火。

违反该条规定的，由县级以上人民政府生态环境保护行政主管部门责令改正，并可以处五百元以上二千元以下的罚款。

③城镇居住区内禁止下列野外用火行为：

焚烧树木、残枝落叶、杂草等；焚烧沥青、油毡、橡胶、轮胎、塑料、皮革、垃圾等以及其他产生有毒有害烟尘和恶臭气体的物质的；焚烧民俗祭祀物品；其他容易引起火灾和大气污染的用火行为。

焚烧树木、残枝落叶、杂草等，焚烧民俗祭祀物品的，由县级以上人民政府市容环境卫生行政主管部门责令改正，并可以处五百元以上二千元以下的罚款。

焚烧沥青、油毡、橡胶、轮胎、塑料、皮革、垃圾等以及其他产生有毒有害烟尘和恶臭气体的物质的，由县级以上人民政府市容环境卫生行政主管部门责令改正，对单位处一万元以上十万元以下的罚款，对个人处五百元以上二千元以下的罚款。

④经县级以上人民政府批准，林业行政主管部门在森林特别防护期可以设立临时性森林防火检查站，对进入森林防火区的人员和车辆进行火源检查，对携带的火种、易燃易爆物品及其他可能引起森林火灾的物品，实行集中保管，任何单位和个人不得拒绝、阻碍。

具备条件的村民委员会、村民小组可以设置公共祭祀点，组织、引导公民进行集中祭祀。支持和鼓励公民移风易俗，采用绿色、环保、文明方式祭祀。

⑤县级人民政府应当引导农业经营企业及经营者利用秸秆腐化、氨化等技术综合利用秸秆，并将秸秆利用的技术、设备、项目纳入资金扶持范围。鼓励农业生产者和经营者采用先进技术收集田基、荒地的草木，进行移除处理和回收利用。乡镇人民政府应当合理设置秸秆收储点。

54. 实现封山育林的主要措施有哪些？

一般来说，实施封山育林的措施主要有如下几个方面：

（1）提高认识，加强领导。封山育林是恢复和增加森林资源的主要措施。各级领导要将封山育林工作列入政府重要议事日程，贯彻执行国家有关林业政策、法律和法规，重视封山育林工作；要切实落实各项经营管护措施，建立明确的岗位责任制，保质保量完成上级林业部门下达的封山育林任务；禁止乱砍滥伐林木，乱垦滥占林地和挪用、挤占林业建设资金等现象的发生。

各级政府总结林业建设的经验教训，从实践中认识到封山育林的重要性，坚定地走封山育林的路子。坚持以封为主，封育结合，封、造、管、育、护并举的方针。每年要由县、乡、村三级签订工程施工合同书。要把封山育林工作成果作为考核领导干部政绩的重要内容抓好落实。

（2）建章立制。封山是手段，育林、护林才是目的，必须建立健全各项管护措施才能收到成效。要发动群众制定适合本地的乡规民约，建立起国家支持、人民群众拥护、管护人员具体操作的封山育林管护模式。切实落实县、乡、村三级责任网，做到片片有人包、块块有人管。

（3）加强监督和检查工作。封山育林时间较长，而且经济效益又不明显，因此，进行封山育林，需要采取一些过硬的措施。各级林业主管部门要对本辖区内的封山育林工作制定年度计划和长远规划，加强对封山育林的监督和检查。县级林业主管部门要对本辖区内的封山育林工作进行合理规划设计，并组织实施封山育林。

（4）因地制宜灵活封育。在实施中，要根据当地地理位置、劳动力、林分状况以及群众的实际需要，灵活采用全封、半封、轮封等不同方式。坚持保护生态环境与促进经济社会可持续发展相结合、统一规划与因地制宜相结合、严格管理与科学育林相结合的原则。

（5）设置围栏，严格封禁措施。封山育林首要任务是封得住，只有封好山才能育好林，要采用围栏的方式把治理地块围封起来，防止牛羊啃食和人为破坏。要在人畜活动频繁地段设置机械围栏，在封育范围周边竖立封山育林标志，在山口、沟口、路口、河流交岔口竖立永久性坚固标牌，既能宣传制造封育氛围，又能警示和提醒居民注意。实践证明，杜绝人为破坏是封山育林的首要措施。

（6）封育与管护并重。封山育林区要严加管护，稍有疏忽，几十年的成绩会毁于一旦。在封育区内除了利用山脊、沟谷、河流等自然阻隔作为防火线外，还必须人工开设防火线。另外要严防病虫危害，天然萌生的林分因密度大、通风条件差、林内卫生状况差，极易发生病虫害，如果发现虫害要及时防治，防止蔓延。

（7）加大资金投入。各级人民政府负责本行政区域内的封山育林工作。县级以上人民政府把封山育林所需资金列入财政预算，实行专户管理，用于人工辅助育林、护林设施设置以及封山育林区的管护等。县级以上林业行政主管部门负责封山育林的管理和实施工作。加强对封山育林的技术指导和服务，推广先进技术，引进优良树种，缩短封育周期，提高封山育林效果。因封山育林给商品林地经营使用权人造成经济损失的，参照生态公益林效益补偿有关规定予以补偿。国土、交通、水利、农业等行政管理部门按照各自职责，做好封山育林的有关工作。各级人民政府及其有关行政主管部门要加强封山育林法律法规和封山育林技术规程的宣传教育。村民委员会和其他基层单位协助当地人民政府开展封山育林宣传教育等工作。

55. 什么是水资源保护?

水资源保护是指采取行政、法律、经济、技术等综合措施,对水资源进行的积极保护与科学管理,主要包括水量保护和水质保护两个方面内容,目的是为了防治水污染和合理利用水资源。

56. 国家对农村饮用水水源保护工作有什么要求?

2015年6月4日,原环境保护部办公厅、水利部办公厅印发《关于加强农村饮用水水源保护工作的指导意见》,对农村饮用水水源保护提出如下指导意见:

一是设立水源保护区标志。在饮用水水源保护区的边界设立明确的地理界标和明显的警示标志,加强饮用水水源标志及隔离设施的管理维护。

二是推进农村水源环境监管及综合整治。对与农村饮用水水源环境安全有关的化工、造纸、冶炼、制药等重点行业、重点污染源，要加强执法监管和风险防范，避免突发环境事件影响水源安全。结合农村环境综合整治工作，开展水源规范化建设，加强水源周边生活污水、垃圾及畜禽养殖废弃物的处理处置，综合防治农药化肥等面源污染。针对因人类活动影响而水质不达标的水源，研究制定水质达标方案，因地制宜地开展水源污染防治工作。

三是提升水质监测及检测能力。提升供水工程水质检测设施装备水平和检测能力，满足农村饮水工程的常规水质检测需求。加强农村饮水工程的水源及水厂水质监测和检测，重点落实日供水1000吨或服务人口10000人以上的供水工程水质检测责任。

四是防范水源环境风险。排查农村饮用水水源周边环境隐患，建立风险源名录。指导、督促排污单位，做好突发水污染事故的风险控制、应急准备、应急处置、事后恢复以及应急预案的编制、评估、发布、备案、演练等工作。

57. 水污染包括哪些方面，水污染对人体健康有什么危害？

水污染主要包括工业废水污染、农业废水污染、生活废水污染三大类。水污染对人体健康危害一般分为两类：一类是污染使水体含有致病的微生物、病毒等，这些微生物和病毒可引起某些肠道传染病的流行蔓延；另一类是水中含有有毒物质引起人的中毒，有毒物质主要来源于工业废水和农药污水。

案例：

1996 年 4 月，中国贵州省平坝县某磷业化工有限公司违法超标大量排放有毒污染物质砷，造成该县重要饮用水源及风景旅游区红枫湖上游羊昌河特大水污染事故，致使 407 人中毒，1 人死亡。

58. 水污染形成的原因是什么，有哪些防治措施？

中国严重的水污染现象形成的主要原因如下：人口增加和经济增长的压力；工业结构不合理及粗放型的发展模式；废水处理率不高，大量废水在没有净化达标的情况下直接排放；面源污染严重，没有采取有效措施控制；排污收费等经济制约机制还不十分完善，未能起到对防污治污的刺激作用。更重要的是环境保护意识淡薄、环境管理措施跟不上、环境执法力度不够、历史欠账太多、资金投入严重不足等。

为了防治水污染、改善水质和水环境，保护水的应用价值，采取行政、法律、经济、教育和科学技术手段对水环境进行强化管理，提高广大民众的环保意识是非常重要的。

59. 什么是水土保持，水土保持有什么意义？

水土保持是指对因自然因素和人为活动造成水土流失所采取的预防和治理措施。

水土保持是山区发展的生命线，是国土整治、江河治理的根本，是国民经济和社会发展的基础。通过开展小流域综合治理，层层设防、节节拦蓄，增加地表植被，可以涵养水源，调节小气候，有效地改善生态环境和农业生产基础条件，减少水、旱、风沙等自然灾害的影响，促进产业结构的调整，促进农业增产和农民增收。

60. 水土保持对水资源保护有什么作用？

水土保持对涵养水源、调节径流、防止洪水、改造局部地区水文循环、调节局部气候等都起到了一定的作用。其主要是在降雨再分配、增加土壤入渗能力、调节径流削减洪峰等三方面体现出对水资源保护的作用。

61. 水土保持的措施有哪些?

主要有工程措施、生物措施和蓄水保土耕作措施等。

（1）工程措施：指为防治水土流失危害，保护和合理利用水土资源而修筑的各项工程设施，包括治坡工程（各类梯田、台地、水平沟、鱼鳞坑等）、治沟工程（如淤地坝、拦沙坝、谷坊、沟头防护等）和小型水利工程（如水池、水窖、排水系统和灌溉系统等）。

（2）生物措施：指为防治水土流失，保护与合理利用水土资源，采取造林种草及管护的办法，增加植被覆盖率，维护和提高土地生产力的一种水土保持措施。主要包括造林、种草和封山育林、育草。

（3）蓄水保土耕作措施：指以改变坡面微小地形，增加植被覆盖或增强土壤有机质抗蚀力等方法，保土蓄水、改良土壤，以提高农业生产的技术措施。如等高耕作，等高带状间作，沟垄耕作少耕、免耕等。

62. 退耕还湿能带来什么效益？

退耕还湿能带来的效益主要有如下几个方面。

（1）生态效益。

①保护物种和生物多样性：通过退耕还湿工程，使生态系统更加完善，生态环境得到改善，有利于生态保护和濒危物种的恢复。

②调节河流水量，保持地下水位：退耕还湿有利于保护区周边地区水量调节，减轻下游洪旱灾害，稳定周边村屯地下水位，保持土壤水分。

③调节局地气候：保护区大面积湿地的存在不仅对本身而且对周边农业区域的局地气候产生调节作用，改善农田气候条件。

④净化地表径流和空气：地表径流通过受保护湿地的净化，水质会有明显的改善，同时由于大面积湿地的吸尘作用，将保持区域大气环境稳定。

⑤保持保护区自然生态的稳定：通过退耕还湿工程，使保护区生态系统更加完善和稳定，内部结构更加合理，生物种群和生态环境条件之间的复杂关系更加协调，并为珍稀濒绝物种的繁殖和保护助力及为迁徙水禽提供良好栖息地。

⑥促进区域生态环境质量的提升。

（2）社会效益。退耕还湿是公益性社会事业，其产生的社会效益是十分明显的。

①提高了人们的自然保护意识：退耕还湿的实施，将加强湿地及其野生动植物保护。这为进一步加强自然保护的宣传教育工作创造了良好的条件，人们可以进一步了解保护湿地及其野生动植物、保护自然生态环境的重要性，了解人类的生存与自然环境之间的关系，提高人们爱护环境、保护自然的自觉意识。

②促进社会的稳定和发展，改善人们的生存环境：退耕还湿实施后，将使保护与利用协调发展，促进湿地资源利用的可持续发展，极大地促进湿地及其野生动植物产业的科学发展，为社会创造财富，为人民提供新的就业机会。保护区的建设发展为人们提供了生态旅游和休闲的场所，进一步丰富了人们的生活。退耕还湿的实施，将改善区域的生态环境，为社会提供更好的保健游憩场所，改善居民的生存环境，提高人们的生活质量。退耕还湿的实施还可以促进经济和社会的可持续发展，全面带动各项社会事业的进步。

③提高保护区知名度，树立良好的对外形象：自然保护事业的发展是社会文明的重要标志之一，退耕还湿的实施，将全面加强各自然保护区湿地及其野生动植物保护工作，加强湿地科研监测能力；还可以提高各保护区的知名度，树立保护区的良好对外形象。

（3）经济效益。

①直接效益：许多湿地及其野生动植物具有较高的经济价值，退耕还湿的实施，除了保护湿地及其野生动植物的栖息地，

使濒危动植物种群得到恢复和发展之外，还为野生经济动植物资源的开发提供了充足的资源储备，从而可以获得更多的经济效益。

②间接效益：间接的经济效益即潜在的经济效益。退耕还湿的实施除可带来上述直接的经济效益外，其潜在经济效益也是十分巨大的。首先，工程的实施为保护遗传资源，建立生物种源基因库创造条件。湿地中野生动植物基因库资源的保护将为人类将来的利用保留选择权。其次，退耕还湿实施后许多有利于人类生存和发展的影响，在很大程度上都可以看作是潜在经济效益，所以其潜在的经济效益可能远远大于其直接经济效益。退耕还湿的实施将为人类的生存和发展作出重大贡献。

案例：

珍宝岛湿地国家级自然保护区，位于黑龙江虎林市东部，完达山南麓，以乌苏里江为界与俄罗斯联邦隔水相望，是三江平原沼泽湿地集中分布地区。保护区总面积44364公顷，其中湿地面积为29275公顷。

珍宝岛自然保护区管理局建管并重，实施了保护区湿地恢复项目工程，投入资金521万元新建了动物救护站、湿地检测站等基础设施。该管理局严格控制土地使用，严打非法毁林毁湿、开采资源、放牧捕捞等行为。

经过努力，珍宝岛湿地生态环境得到了有效保护，保护区内有东北虎、棕熊、丹顶鹤、东方白鹳等诸多国家珍稀保护动物和"三花五罗"等名贵淡水鱼，有国家珍稀濒危植物胡桃楸、水曲柳、乌苏里狐尾藻等植物。

珍宝岛湿地国家级自然保护区将建成为一个集自然保护、科学研究、宣传教育、水源涵养、生态旅游和多种经营为一体的多功能自然保护区，最终达到湿地资源的可持续利用。

63. 退牧还草有什么重要意义？

退牧还草是继退耕还林还草之后，国家在生态建设方面出台的又一重大战略举措，这一举措能：

（1）加快牧区经济发展，提高广大牧民生活水平。自退牧还草工程实施至 2011 年 8 月，中央财政累计下拨饲料粮补助资金 73 亿元，有效增加了农牧民现金收入。工程的实施还推动了特色农牧产业及其他优势产业的发展，形成了一批乳、肉、绒等生产加工基地，增加了农牧民收入。随着工程的持续开展，15 万退牧户转而从事其他产业，近 20 万退牧户人口外出务工。内蒙古、新疆、西藏等牧区大力发展绿色第三产业，草原旅游业快速兴起，进一步拓宽了牧民增收渠道。2011 年，农牧民人均年纯收入为 6642 元，而到 2018 年，牧区农村经济总收入（含地方农林牧场）达 518.27 亿元，农牧民人均年纯收入（不含地方农林牧场）达 14920 元。

（2）维护生态安全。退牧还草任务主要安排在内蒙古东部、蒙甘宁西部、青藏高原、新疆等四大片草原退化严重地区，通过禁牧封育、补播草种等方式，草原植被明显恢复。根据

2010年原农业部监测结果，退牧还草工程区平均植被盖度为71%，比非工程区高12%，草群高度、鲜草产量和可食性鲜草产量分别比非工程区高37.9%、43.9%和49.1%。生物多样性、群落均匀性、饱和持水量、土壤有机质含量均有提高，草原涵养水源、防止水土流失、防风固沙等生态功能增强。

（3）增强农牧民的草原保护意识。退牧还草工程调动了广大农牧民保护和建设草原生态的积极性，促进了草原承包经营等各项制度落实。广大农牧民按照以草定畜的要求，调整畜群结构，牲畜出栏率明显提高。据原农业部统计，截至2011年，内蒙古、新疆、青海等8省区和新疆生产建设兵团已落实承包草原面积31亿亩，约占可利用草原面积的79%；禁牧面积达6.03亿亩，已划定基本草原近9亿亩，实行了最严格的保护措施。

（4）加快转变草原畜牧业生产方式。退牧还草工程推行禁牧与休牧相结合、舍饲与半舍饲相结合的生产方式，促进了传统草原畜牧业生产方式的转变。工程实施以来，8省区和新疆兵团退牧还草工程县2700多万个羊单位的牲畜从完全依赖天然草原放牧转变为舍饲或半舍饲。为推动项目区畜牧业发展，各地区积极探索建设模式：新疆大力实施区域性人工种草；甘肃、青海部分地区推行"牧区繁殖、农区育肥"发展模式；宁夏从2003年起实行全区禁牧封育，加大畜群结构调整和畜种改良，加强人工饲草地建设。主要草原牧区加快生产方式转变步伐，实现了"禁牧不禁养"。

（5）保持边疆安定和社会稳定，促进少数民族地区团结。

64. 退牧还草工程补贴标准是什么?

围栏建设在青藏高原地区每亩补助 30 元,其他地区每亩补助 25 元;退化草原改良每亩补助 60 元;人工饲草地每亩补助 200 元;舍饲棚圈(舍储草棚、青贮窖)补助 6000 元,舍饲棚圈补助根据实际情况不得高于中央投资补助测算标准的 30%;黑土滩治理每亩补助 180 元;毒害草退化草地治理每亩补助 140 元;岩溶地区草地治理每亩补助 160 元。

65. 为什么要实行农业水价综合改革?

实行农业水价综合改革,是为了解决水权的问题。中国北方很多省份的工业用水、农业用水、生活用水都来自黄河。但黄河每年的径流量是有限的,如果上游用多了,下游就没得用了。因此,国家从黄河源头开始,对每个省份可以从黄河流域用多少水有分配和定额,这就是所谓的水权,而在配额中用于农业的部分,就是农业的水权。农业水权再进一步细化到农民灌溉的用水量,就会精确到一亩地一年的用水量,如果超了,就要从以后的配额中扣除，但是节约了就会有奖励。如果要据此形成一个固定机制，就需要价格来做杠杆，因此要实行水价综合改革。

66. 农业水价综合改革的目标是什么？

这项改革的目标是在保证农民基本用水需求的同时，建立多用水多花钱，少用水少花钱，不用水得补贴的机制。既不在总体上增加农民负担，又促进节约用水。具体措施在 2015 年的中央一号文件第 25 条中有所提及："推进农业水价综合改革，积极推广水价改革和水权交易的成功经验，建立农业灌溉用水总量控制和定额管理制度，加强农业用水计量，合理调整农业水价，建立精准补贴机制。"

总的来说，中国是一个水资源短缺的国家。特别是长江以北，整个北方地区拥有的水资源只占全国水资源的 1/5 多一点，但是由于其面积宽广，所以现在主要农产品的增产越来越依靠北方。所以如何既能科学地节约用水，又能促进生产的发展、带动农民的增收，是政府需要通盘考虑的。

67. 深入推进农业水价综合改革有何重要意义？

首先，有利于保障国家水安全。农业水价综合改革以综合手段提升农业用水效率，减少农业用水总量和强度，有利于缓解中国用水紧张的态势，保障国家水安全。

其次，有利于维护国家粮食安全。粮食安全关系到国计民生，丝毫马虎不得。水是支撑农业发展最重要的物质资源，水利是农业的命脉。

最后，有利于推动农业供给侧结构性改革。农业供给侧结构性改革是农业发展面临的重要任务之一，关系到农业高质量发展和可持续发展。农业水价综合改革是农业供给侧结构性改革总体部署的一部分。农业水价综合改革的目标之一就是发挥水价的杠杆作用，引导农民节约用水，推动农业水利工程设施完善，优化调整农业种植结构。

第五章

生态农业发展

乡村生态文明建设百问百答

生态旅游

68. 什么是有机产品、绿色食品、无公害农产品？

有机产品是指生产、加工、销售过程符合中国有机产品国家标准，获得有机产品认证证书，并加施中国有机产品认证标志的供人类消费、动物食用的产品。

绿色食品是指产自优良环境，按照绿色食品标准生产，实行全程质量控制并获得绿色食品标志使用权的安全、优质食用农产品及相关产品。

无公害农产品是指产地环境、生产过程和产品质量符合国家有关标准和规范的要求，经认证合格获得认证证书并允许使用无公害农产品标志的未经加工或仅经初加工的食用农产品。

69. 认证无公害农产品、绿色食品、有机产品有什么意义？

开展认证是为了规范对农产品生产加工过程控制，保证质量。中国是幅员辽阔、经济发展不平衡的农业大国，在全面建成小康社会的新阶段，健全农产品质量安全管理体系，提高农产品质量安全水平，增强农产品国际竞争力，是农业和农村经济发展的一个中心任务。为此，经国务院批准，原农业部确立了"无公害农产品、绿色食品、有机产品三位一体，整体推进"的发展战略。因此，有机产品、绿色食品、无公害农产品都是农产品质量安全工作的有机组成部分。无公害农产品的发展始于21世纪初，是在适应加入世界贸易组织和保障公众食品安全的大背景下推出的，原农业部为此在全国启动实施了"无公害食品行动计划"；绿色食品产生于20世纪90年代初期，是在发展高产优质高效农业大背景下推动起来的；而有机产品又是国际有机农业宣传和辐射带动的结果。农产品地理标志则借鉴了欧洲发达国家的经验，是推进地域特色优势农产品产业发展的重要措施。

70. 认证无公害农产品需要满足什么条件？

具有一定组织能力和责任追溯能力的单位和个人均可向其所在省（自治区、直辖市）无公害农产品认证承办机构申请无公害农产品产地认定和无公害农产品认证。

（1）申请无公害农产品产地认定应当满足下列条件：

①产地环境符合无公害农产品产地环境的标准要求；

②区域范围明确；

③具有一定的生产规模。

（2）无公害农产品的生产管理应当满足下列条件：

①生产过程符合无公害农产品生产技术的标准要求；

②有相应的专业技术和管理人员；

③有完整的生产和销售记录档案，特别是最近生产周期使用农药（兽药、鱼药）的生产记录。

（3）申请无公害农产品认证应当具备下列条件：

①无公害农产品产地认定证书；

②符合要求的《产地环境检验报告》和《产地环境现状评价报告》或《产地环境调查报告》；

③申请者有经过无公害农产品培训并取得无公害农产品内检员证书的员工；

④符合要求规定的《产品检验报告》。

71. 如何认证绿色食品？

一是申请人向中国绿色食品发展中心（以下简称中心）及其所在省（自治区、直辖市）绿色食品办公室、绿色食品发展中心（以下简称省绿办）领取《绿色食品标志使用申请书》《企业及生产情况调查表》及有关资料，或从中心网站下载。

二是申请人填写并向所在地省绿办递交《绿色食品标志使用申请书》《企业及生产情况调查表》及以下材料：

（1）保证执行绿色食品标准和规范的声明；

（2）生产操作规程（种植规程、养殖规程、加工规程）；

（3）申请人的"基地+农户"的质量控制体系（包括合同、基地图、基地和农户清单、管理制度）；

（4）产品执行标准；

（5）产品注册商标文本（复印件）；

（6）企业营业执照（复印件）；

（7）企业质量管理手册；

（8）要求提供的其他材料。

三是省绿办收到上述申请材料后，进行登记、编号，5个工作日内完成对申请认证材料的审查工作，并向申请人发出《文审意见通知单》，同时抄送中心认证处。申请认证材料不齐全的，要求申请人收到《文审意见通知单》后10个工作日内提交补充材料。申请认证材料不合格的，通知申请人本生长周期不再受理其申请。

四是省绿办应在《文审意见通知单》中明确现场检查计划，并在计划得到申请人确认后委派2名或2名以上检查员进行现场检查。检查员根据《绿色食品检查员工作手册》（试行）和《绿色食品产地环境质量现状调查技术规范》（试行）中规定的有关项目进行逐项检查。每位检查员单独填写现场检查表和检查意见。现场检查和环境质量现状调查工作在5个工作日内完成，完成后5个工作日内向省绿办递交现场检查评估报告和环境质量现状调查报告及有关调查资料。

现场检查不合格，不安排产品抽样。凡申请人提供了近一年内绿色食品定点产品监测机构出具的产品质量检测报告，并经检查员确认，符合绿色食品产品检测项目和质量要求的，免产品抽样检测。

现场检查合格，需要抽样检测的产品安排产品抽样。当时可以抽到适抽产品的，检查员依据《绿色食品产品抽样技术规范》进行产品抽样，并填写《绿色食品产品抽样单》，同时将抽样单抄送中心认证处。特殊产品（如动物性产品等）另行规定。当时无适抽产品的，检查员与申请人当场确定抽样计划，同时将抽样计划抄送中心认证处。

抽样后，申请人将样品、产品执行标准、《绿色食品产品抽样单》和检测费寄送绿色食品定点产品监测机构。

五是绿色食品产地环境质量现状调查由检查员在现场检查时同步完成。经调查确认，产地环境质量符合《绿色食品产地环境质量现状调查技术规范》规定的免测条件的，免做环境监测。根据《绿色食品产地环境质量现状调查技术规范》的有关规定，经调查确认，必须要进行环境监测的，省绿办自收到调查报告2个工作日内以书面形式通知绿色食品定点环境监测机构进行环境监测，同时将通知单抄送中心认证处。定点环境监测机构收到通知单后，40个工作日内出具环境监测报告，连同填写的《绿色食品环境监测情况表》，直接报送中心认证处，同时抄送省绿办。绿色食品定点产品监测机构自收到样品、产品执行标准、《绿色食品产品抽样单》、检测费后，20个工作日内完成检测工作，出具产品检测报告，连同填写的《绿色食品产品检测情况表》，报送中心认证处，同时抄送省绿办。

六是认证审核。省绿办收到检查员现场检查评估报告和环境质量现状调查报告后，3个工作日内签署审查意见，并将认证申请材料、检查员现场检查评估报告、环境质量现状调查报告及《省绿办绿色食品认证情况表》等材料报送中心认证处。

中心认证处收到省绿办报送材料、环境监测报告、产品检测报告及申请人直接寄送的《申请绿色食品认证基本情况调查表》后，进行登记、编号，在确认收到最后一份材料后2个工作日内下发受理通知书，书面通知申请人，并抄送省绿办。中心认证处组织审查人员及有关专家对上述材料进行审核，20个工作日内作出审核结论。

审核结论为"有疑问，需现场检查"的，中心认证处在2个工作日内完成现场检查计划，书面通知申请人，并抄送省绿办。得到申请人确认后，5个工作日内派检查员再次进行现场检查。审核结论为"材料不完整或需要补充说明"的，中心认证处向申请人发送《绿色食品认证审核通知单》，同时抄送省绿办。申请人需在20个工作日内将补充材料报送中心认证处，并抄送省绿办。审核结论为"合格"或"不合格"的，中心认证处将认证材料、认证审核意见报送绿色食品评审委员会。

七是认证评审。绿色食品评审委员会自收到认证材料、认证处审核意见后10个工作日内进行全面评审，并作出认证终审结论。认证终审结论分为两种情况：认证合格或认证不合格。结论为"认证不合格"的，评审委员会秘书处在作出终审结论2个工作日内，将《认证结论通知单》发送申请人，并抄送省绿办。本生产周期不再受理其申请。

八是颁证。认证合格的，中心在5个工作日内将办证的有关文件寄送申请人，并抄送省绿办。申请人在60个工作日内与中心签订《绿色食品标志商标使用许可合同》。

72. 申请有机产品认证应提交什么资料？

这些资料包括：

（1）认证委托人的合法经营资质文件复印件，如营业执照副本、组织机构代码证、土地使用权证明及合同等。

（2）认证委托人及其有机生产、加工、经营的基本情况。

①认证委托人名称、地址、联系方式；当认证委托人不是产品的直接生产、加工者时，需提供生产、加工者的名称、地址、联系方式；

②生产单元或加工场所概况的说明；

③申请认证产品名称、品种及其生产规模，包括面积、产量、加工量等；同一生产单元内非申请认证产品和非有机方式生产的产品的基本信息；

④过去三年间的生产历史，如植物生产的病虫草害防治、投入物使用及收获等农事活动的描述；野生植物采集情况的描述；动物、水产养殖的饲养方法、疾病防治、投入物使用、动物运输和屠宰等情况的描述；

⑤申请和获得其他认证的情况。

（3）产地（基地）区域范围描述，包括地理位置、地块分布、缓冲带及产地周围临近地块的使用情况等；加工场所周边环境描述、厂区平面图、工艺流程图等。

（4）有机产品生产、加工规划，包括对生产、加工环境适宜性的评价，对生产方式、加工工艺和流程的说明及证明材料，农药、肥料、食品添加剂等投入物质的管理制度以及质量保证、标识与追溯体系建立、有机生产加工风险控制措施等。

（5）本年度有机产品生产、加工计划，上一年度销售量、销售额和主要销售市场等。

（6）承诺守法诚信，接受行政监管部门及认证机构监督和检查，保证提供材料真实，执行有机产品标准、技术规范等的声明。

（7）有机生产、加工的管理体系文件。

（8）有机转换计划（适用时）。

（9）当认证委托人不是有机产品的直接生产、加工者时，认证委托人与有机产品生产者签订的书面合同复印件。

（10）其他相关材料。

73. 什么是观光农业？

观光农业是指为能满足人们精神和物质享受而开辟的，可吸引游客前来开展观（赏）、品（尝）、娱（乐）、劳（作）等活动的农业。观光农业以农业为基础，以旅游为手段，以城市为市场，以参与为特点，以文化为内涵，是把观光旅游与农业结合在一起的一种旅游活动。

74. 观光农业有哪些类型?

一般来说，观光农业有如下几种。

（1）观光农园：在城市近郊或风景区附近开辟特色果园、菜园、茶园、花圃等，让游客入内摘果、拔菜、赏花、采茶，享受田园乐趣。这是国外观光农业最普遍的一种形式；

（2）农业公园：即按照公园的经营思路，把农业生产场所、农产品消费场所和休闲旅游场所结合为一体；

（3）教育农园：这是兼顾农业生产与科普教育功能的农业经营形态。较具代表性的有法国的教育农场，日本的学童农园，台湾的自然生态教室等；

（4）森林公园：森林公园是一个综合体，它具有建筑、疗养、林木经营等多种功能，同时，也是一种以保护为前提，利用森林的多种功能为人们提供各种形式的旅游服务的、可进行科学文化活动的经营管理区域；

（5）民俗观光村：在民俗观光村可体验农村生活，感受农村气息。

75. 中国发展观光农业的现实意义有哪些?

中国是农业大国和人口大国,研究中国观光农业的发展对增加农民收入和促进农民就业、推进农村发展有重大意义。发展观光农业有利于实现农业资源的高效利用,可产生较好的经济效益、社会效益和环境效益。其现实意义有:

(1) 有利于农业的发展。观光农业是农业对外交流的窗口,会带来大量的经济、科技等方面的信息交流与合作机会,有助于引进资金、技术和人才,从而引导区域农业经营按市场要求变化,增加销售渠道、开拓产品市场、提高产品的知名度和产品价值。同时,观光农业中先进的种植、养殖模式及管理方式、经营理念等,对区域农业发展有辐射作用,通过技术人员的流动、品种资源的交换、人员的参观考察等形式,促进区域农业的发展。

(2) 带动相关产业的发展,增加就业机会,提高农民收入。发展观光农业可以吸引大批的游客前来观光游览,从而带动交通运输业、商业、饮食业、旅馆业以及旅游商品、纪念品加工业的发展,推动农村第二、第三产业的发展,增加农民就业机会。观光农业扩大了农业生产经营范围,提高了农业比较效益,增加了农民收入。通过观光农业的旅游开发,为旅游者提供观赏、品尝、购买、劳作、娱乐、疗养、度假等系列服务，增加了一般农产品不能实现的观赏、娱乐价值，使农民获得高额经营收入。

（3）改善环境质量。观光农业不仅以农业生产方式、多种参与活动、民俗文化吸引游客，而且以优美的环境给游客以美的享受。因此，植树种草、美化环境是其必要的投入，在客观上起到了环境保护的作用，特别在水土流失严重的地区，其意义更大。

（4）加强与市场的联系。观光农业可以通过旅游活动使农产品生产与游客构成的消费市场直接联系在一起，为农产品的销售打开渠道。这不仅开拓了市场，提高了当地农产品的知名度，而且可以及时了解市场信息，发展适销对路的产品。

（5）满足城市居民回归自然的愿望。观光农业的发展与国民经济发展、人民生活水平提高以及生活方式改变有密切关系，特别是在城市化迅速发展的今天，城市高楼林立、街道狭窄、绿地减少、环境污染、人口增加、生活节奏加快，生活空间日趋缩小。生活在高楼林立之中的城市的居民，在享受现代文明带来的舒适生活的同时，却正在失去与自然和谐共存的机会。人们终日生活在拥挤、嘈杂的环境中从事着繁忙、高度竞争的工作，减少了人与自然、人与人之间的交流和沟通。人们长期处于高度紧张的精神状态，普遍有压抑、烦躁的心理。因此，为了缓解人们的工作压力、舒解人们紧张的神经，发展观光采摘园、综合性休闲农园、农业公园等集观光、休闲、农业生产、旅游业发展于一体的观光农业是大势所趋。

76. 为什么说"绿水青山就是金山银山"?

2013 年 9 月 7 日，国家主席习近平在哈萨克斯坦纳扎尔巴耶夫大学发表演讲并回答学生们提出的问题。在谈到环境保护问题时他指出："我们既要绿水青山，也要金山银山。宁要绿水青山，不要金山银山，而且绿水青山就是金山银山。"这生动形象表达了我们党和政府大力推进生态文明建设的鲜明态度和坚定决心。

之所以说"绿水青山就是金山银山"，主要体现在以下几个价值方面：

一是生命价值。好的环境是人类可持续发展的前提，只有好的环境，才可以确保人们健康的体魄，才能实现人与自然的和谐共处，才能保证各个生命健康持续地共存共生。

二是经济价值。这里所说的经济价值，首先是人们要改变以往传统的思想，不要将生态环境保护与企业的生产活动对立化。应该将生态环境保护和企业发展结合在一起，实事求是地找到一种行之有效的解决方法，绿水青山也就可以转变成金山银山。此外，金山银山不只是金钱意义上的财富，保护生态环境就是保护生产力，改善生态环境就是发展生产力，生态环境优势就是经济社会发展优势。从这个意义上，我们更容易理解

"绿水青山就是金山银山"的本质内涵，而从里面找到经济价值才是企业发展之道。

三是民生价值。生态环境直接关乎人民群众生活质量。保护生态环境就是保障民生，改善生态环境就是改善民生。为人民提供更多优质的公共生态产品，这就是绿水青山的民生价值。

四是政治价值。绿水青山已经成为我们党长期执政的重要民心资源。国家最新成立的生态环境部今后的主要任务就是加强生态环境保护，确保绿水青山的全面实现。

五是社会价值。绿水青山作为金山银山，还表现在社会价值上，体现于社会运行制度、社会体制、社会治理等方面。

六是文化价值。"绿水青山就是金山银山"包含着深厚的文化价值。这一重要论述，既揭示了自然与人、生态与发展、生态与社会的内在关联性、统一性，又极大丰富和提升了人们的生态文明观，日益成为我们党和广大人民群众自觉的行动准则。

七是民族价值。"绿水青山就是金山银山"这一重要论述，深刻揭示了生态环境对中华民族生存和发展的重要价值。建设绿水青山的生态文明，关系人民福祉，关乎民族未来。

八是人类价值。绿水青山作为金山银山，并不只具有民族价值，还包含着对全人类的生态价值，内含中国对人类的责任和贡献。人类同住一个地球，共同生活在一个自然生态系统之中，任何一个国家生态环境的好坏都影响着全球生态环境的优劣。

案例：

浙江安吉：守青山得金山　生态游年入百亿

"绿水青山就是金山银山"，近年来浙江省安吉县坚持这一发展理念，大力发展生态旅游。2014 年，该县接待游客 1204.8 万人次，带来总收入 127.5 亿元。郁郁葱葱的大竹海，清冽可鉴的黄浦江源，如诗如画的美丽乡村，无不令游客流连忘返，也让安吉在"绿水青山"中收获了"金山银山"。

安吉县天荒坪镇余村，这里曾是该县最大的石灰岩开采区，矿山林立，开矿的炮声时常响彻村庄。村长潘文革介绍，村里开矿不仅破坏山上大片竹林植被，还会造成水土流失、污染水源等，对村里生态环境造成极大破坏。2003 年，村两委召开会议，决定摒弃以牺牲环境为代价的发展方式，保护当地生态环境，发展旅游经济。经过数十年发展，如今，该村道路整洁，绿树成荫，已建成竹海景区、龙庆园等景点，往来游客络绎不绝。目前旅游休闲经济已经到达了每年 1000 多万的产值规模，年接待游客近 10 万人次。"绿水青山就是金山银山"这一科学论断，就是 2005 年时任浙江省委书记的习近平在考察余村时提出的。

十年来，安吉以生态立县，抓关键治污染，将一座座乡村打造成幸福美丽的家园。走进山川乡马家弄村，首先看到的是一排排有特色的江南民居，它们黛墙灰瓦，掩映在茂密的竹林里，宛如一幅中国山水画。据该村党总支书记沈广洪介绍，马家弄村近年来大力发展生态经济，计划关停村里所有污染企业，开发生态旅游。品园山庄是当地的一家农家乐，每年接待游客上万人。它的所在地原是一家棉纺织厂，被关停后开发成农家乐，不仅解决了当地村民就业问题，还带动村里经济发展。在旅游经济带动下，2014 年，该村村民年收入达到 2.6 万多元，比 2013 年增加了 18.7%。

下一步安吉县委县政府将坚持"绿水青山就是金山银山"发展战略，夯实生态立县基础，推进乡村度假升级版，进一步优化乡村环境，力争实现旅游接待人数 1260 万人次、旅游项目当年投入超 25 亿元的目标。

（摘自人民网浙江频道 2015 年 4 月 23 日，略有改动。）

77. 什么是生态旅游？

生态旅游一词是由世界自然保护联盟于 1983 年首先提出，它的含义不仅是指所有观览自然景物的旅行，而且更强调被观览的景物不应受到损失。

生态旅游的定义在各种教科书中也各有各的说法，如"生态旅游是以生态学原则为指针，以生态环境和自然资源为取向展开的一种既能获得社会经济效益，又能促进生态环境保护的边缘性旅游生态工程和旅游活动。""生态旅游是到大自然中去的，将自然环境教育和解释寓于其中的，受到生态上可持续管理的旅游。"从上述两种定义中，我们不难看出，强调人与自然的和谐共存是生态旅游的精髓所在。

78. 如何使生态旅游持续健康发展？

要使生态旅游持续健康发展，一是倡导生态旅游理念，加强生态环境教育；二是制定生态旅游法律法规，加大执法监督检查力度；三是坚持科学发展规划，树立全局意识观念；四是强化人才培养，创新品牌建设。

79. 什么是生态农业旅游？

生态农业旅游是一种新型农业生产经营形式，也是一种新型旅游活动项目，是在发展农业生产的基础上有机地附加了生态旅游观光功能的交叉性产业，是当今旅游新需求的必然产物。生态农业旅游是把农业、生态和旅游业结合起来，利用田园景观、农业生产活动、农村生态环境和农业生态经营模式，吸引游客前来观赏、品尝、劳作、体验、健身、科学考察、环保教育、度假、购物的一种新型的旅游开发类型。生态农业旅游是近几年才兴起的一种新型的旅游开发类型。因为人们多居住在城市里面，对于农村的概念越来越模糊，所以为顺应人们返璞归真的理想，开创了生态农业旅游的模式，并得到很好的实施和推广，很多地区都有生态旅游景区，人们对生态农业旅游的热爱也不断增加。

80. 生态农业旅游对农业经济的发展有什么作用？

生态农业旅游对农业经济的发展作用巨大。

（1）促进农村劳动力转移，带动服务业发展。就业条件往往与经济发展水平和市场化水平有关，大城市的市场化环境更为完善，因而创造了更为广阔的就业环境。尽管近年来的就业环境较为严峻，但大城市仍然是吸纳就业的主要区域。换句话说，农村和城市相比，由于缺少大量的就业机会，因此对大多数农民而言，要么依靠微薄的传统农业收入维持生计，要么去这些大城市打工，增加一定的收入，但即使这样，进入大城市的农民也较难融入到新的城市中。而生态农业旅游的发展，则解决了这一收入和地域之间的矛盾。按照世界旅游组织的测算，旅游业每直接就业一人，社会就会新增五个就业机会。而生态农业旅游的发展作为旅游发展的一种形式，必然会带来庞大的人力资源需求。包括农事生产、观光表演、餐饮服务、土特产销售、周边产业等方面对于劳动力的需求都较为旺盛。这也为广大富余劳动力转移创造了条件，甚至为带动当地农业产业结构向多元化、服务化方向发展带来内在的动力。将劳动力顺利转向生态农业旅游产业的优势，则主要体现在：一方面，农业生产是农民的"本职工作"，他们对生态农业生产具有其他人无法具备的独特优势，对于服务于本地生态农业旅游行业，具有天然的优势，学习和培训的成本较低，能很快适应新的工作环境；另一方面，劳动力的就近就业，可带动当地经济发展，促进农业产业的转型升级，减少靠天吃饭的风险，增加旅游产业在当地经济发展中的比重，促进生态农业的健康发展；除此之外，服务业的发展，甚至在某种程度上能够促进品牌意识的形成，围绕品牌，可以带动周边产业经济辐射，使当地的生态农业资源朝着多元化的方向发展，提升知名度。

（2）带动优势农产品生产推广，形成品牌。随着生活水平的提高，人民群众对饮食健康和餐桌安全的关注度越来越高，重视绿色环保、健康的生活方式。近年来，食品安全案件时有发生，个别食品生产者以营利为目的，冒着违法风险，在食品生产环节添加非法添加剂，扰乱市场秩序、严重危害人民生命健康。在媒体和网络不断曝光的情况下，民众对食品安全"谈虎色变"。生态农业，作为健康绿色又环保的农业生产方式，在广大民众中必定会得到广泛的认可。而生态农业旅游，正是要抓住这一契机，打造优势拳头产品，通过游客对生态农业设施和场所的参观、亲自体验农产品生产，打造农产品知名度，推进农产品的销售，将自然资源优势转化为经济优势，也为游客树立健康、绿色的土特产产品形象。

（3）加快传统农业转型升级，提升产品附加值。生态农业旅游的核心，包含生态农业和旅游两个关键词，从生态农业的角度看，和传统农业相比，生态农业更强调采用现代科学技术成果和现代化管理手段进行农业生产，和粗放型传统农业相比，生态农业更为体现集约化、规模化和高效率的特点，经济效益、生态效益和社会效益得到很好的体现，附加值较高，当作为商品在市场上出售时，自然具有较高的价值，农民从中获益必然较之于传统农业高出很多。而生态农业旅游，正是利用这样一种手段，一方面满足了民众对于安全食品的心理期望，另一方面，对于农村加快传统农业转型升级，加快现代农业建设形成了巨大的推动作用。

（4）推进农村经济社会发展，促进城乡一体化建设。农村旅游市场的开发，将进一步缩小城乡之间的心理差距，而基础设施的建设完善、服务质量的提高则缩小了城乡之间的现实差距。而现代生态农业的发展，也必然推动基层的农技人员发挥专业技能，带动村民共同致富。反过来，城乡一体化发展的成果，又为农村生态农业旅游的进一步发展提供了资金支持和市场。城乡相辅相成、共同发展。

案例：

四川广元阴平村：
无名小山村蜕变乡村生态游典范

2008 年 5 月 12 日汶川发生大地震时，四川广元阴平村曾是重灾区。然而，短短 3 年时间，这里已发展成为乡村生态旅游的典范村。

"全国生态文化村""全国文明村""省级乡村旅游示范

村"……拥有这些荣誉的就是这个有名的美丽乡村——阴平村。

除了集体获得众多的荣誉外，村民个人的年均收入也逐年提高，从 2008 年的不到 2000 元增长到 2012 年的 4500 元以上。2013 年，阴平村游客接待量超过 5 万人次，全村拥有特色星级农家乐 59 家，可以一次性接待住宿游客 1200 多人，直接带动就业近 400 人，乡村生态旅游成了阴平村的支柱产业，阴平村也因此成为广元市乡村生态旅游发展的典范。那么，它是如何从一个普普通通的小山村蜕变为今日乡村生态旅游的"大明星"呢？这事还得从头说起。

阴平村位于四川省青川县青溪镇，因三国时期邓艾偷渡阴平古道灭掉蜀国，阴平古道从境而过得名。由于这里地处青溪古城和唐家河国家级自然保护区之间，阴平村自然而然地成了唐家河保护区的一个共管社区。

唐家河保护区是中国首批国家级示范自然保护区，是以保护大熊猫、扭角羚、川金丝猴为主的森林和野生动物类型的自然保护区，面积 4 万公顷，区内资源丰富，生物多样性程度极高。保护区内共有植物 2422 种，脊椎动物 430 种，是大熊猫、扭角羚、川金丝猴、珙桐、水青树、连香树等珍稀濒危动植物的最佳生息地，被中外专家称为"熊猫乐园""天然动植物园""生命家园""理想的科研之地""天然基因库"和岷山山系的"绿色明珠"。十多年前，靠山吃山的阴平村经济较为贫困，主要生活来源全靠种植庄稼、砍伐林木、采药打笋、狩猎捕鱼等，而这却与唐家河保护区所倡导的资源保护与利用的出发点存在着很大冲突，因而直接导致：唐家河保护区资源保护难度加大，社区经济没有得到很好发展。

　　怎样化解这一冲突，让唐家河的绿水青山变成老百姓的金山银山？当地政府和唐家河保护区管理处陷入了深深的思考。最终，他们达成共识：调整产业结构，发展乡村生态旅游。

　　要想保护好这一专属于野生动植物的"诺亚方舟"，调整产业结构是关键。2000年后，唐家河保护区管理处和青溪镇政府经过协商决定，帮助保护区周边社区开展退耕还林工程，发展水果、黑木耳、竹荪、天麻等特色种植产业。青溪镇政府和唐家河保护区管理处把阴平村作为唐家河周边社区产业调整的示范点实行重点帮扶，并鼓励村民大面积种植水果、花卉和黑木耳，为村民提供树苗和技术指导。与此同时，青溪镇政府和唐家河保护区管理处对全村开展了改水、改厕、建节柴灶、沼气池等环境整治工作。

　　到2004年，阴平村村容村貌、生态环境都有了明显改善，水果种植也初具规模。为充分发挥阴平村森林风景资源的优势，2005年，唐家河保护区管理处、青川县政府提出了"旅游强镇，农家乐兴村"的发展思路。同年，他们组织有关专家开始编制《唐家河自然保护区生态旅游规划》和《青溪古城总体规划》，阴平村被规划为青溪镇乡村旅游重点村，依托唐家河保护区的旅游资源大力发展水果种植和农家乐乡村旅游。体制机制的创新为阴平村带来了良好的发展机遇，村民们的收入逐年增加、生活水平不断提高，到2008年前，全村旅游年总收入超过20万元，乡村生态旅游业的发展初显成效。

　　正当人们沉浸在奔向美好生活的喜悦中时，一场灾难突然袭来。

　　2008年5月12日，突如其来的大地震摧毁了阴平村的房屋，破坏了进山的道路，村里刚刚发展起来的旅游业戛然而止，许多村民为此背上了沉重的债务，陷入了困境。面对现状，阴平村的村民们没有被灾难吓倒，而是振奋精神、不等不靠，因为他们始终坚信："有手有脚有条命，天大的困难能战胜"。有信心就有希望。在青川县委、县政府的带领下，在温州市援建指挥部的大力支持下，阴平村被列入了重点恢复重建示范村，制订了打造川北"生态农业观光园"的目标。通过整合资源，制订规划，他们提炼了"山、水、田、林、文"等资源要素，将其规划建设成农家乐休闲度假观光游览胜地，并成功定位为"千年蜀道明珠，川北世外天堂"。同时，围绕建设大阴平生态休闲乡村旅游园区主题，对 160 户百姓房屋按照川北民居"青瓦白墙、木兰花窗、生态庭院"的风貌恢复和改造。通过积极发展乡村生态旅游产业，对闫家居、向阳居等 50 余户农家乐进行重点打造，着力发展和提升了全村的林果山珍等观光型产业。

2011 年，阴平村地震灾后重建全面结束。唐家河保护区也在实验区开展的生态旅游中得到了快速发展：唐家河景区、青溪古城旅游景区分别创建成为国家 4A 级旅游景区，其中阴平村纳入了青溪古城旅游景区，村里的旅游标识标牌、解说系统日趋完善，有线电视实现了户户通，网络实行全覆盖。此外，唐家河保护区管理处、青溪镇政府联合青川县旅游局对农家乐从业人员全面开展了农家乐经营管理、旅游礼仪礼节、住宿餐饮服务、农家特色菜品开发等方面培训，让游客来到阴平村不仅住农家屋、吃农家饭、干农家活、观农家景，还能参与采摘水果、体验农事、休闲避暑、赏花度假等旅游活动。如今，阴平村已成为唐家河生态旅游区和青溪古城游客的重要住宿餐饮基地。

致富一村，带动一方。阴平村的乡村生态旅游发展模式现已在青川县内得到广泛推广，唐家河保护区的绿水青山真正成了老百姓的金山银山。

（摘自《中国绿色时报》2014年1月21日，原标题为《无名小山村蜕变乡村生态游典范——探寻四川省广元市阴平村的旅游发展之路》，略有改动。）

81. 什么是生态功能保护区？

生态功能保护区是指在涵养水源、保持水土、调蓄洪水、防风固沙、维系生物多样性等方面具有重要作用的重要生态功能区内，有选择地划定一定面积予以重点保护和限制开发建设的区域。

国家基于重大民生需要进行重点环境保护，并按生态功能等级将生态功能保护区进行县级、省级、国家级划分，设立三个等级的自然保护区，同时将划入相应等级区域的生态公益林补偿给林权者。

82. 设立生态功能保护区要怎么补偿给林权者？

设立的生态功能保护区应将划入该区域的生态公益林补偿给林权者。以广东为例，按照《广东省生态公益林建设管理和效益补偿办法》（1998 年），政府对生态公益林经营者的经济损失给予补偿。省财政对省核定的生态公益林按每年每亩 2.5 元给予补偿，不足部分由市、县政府给予补偿。

83. 什么是国家公园?

国家公园是指由国家批准设立并主导管理，边界清晰，以保护具有国家代表性的大面积自然生态系统为主要目的，实现自然资源科学保护和合理利用的特定陆地或海洋区域。

84. 中国为什么要建立国家公园体制，其根本目的是什么?

建立国家公园体制是党的十八届三中全会提出的重点改革任务之一，是中国生态文明制度建设的重要内容。2013 年 11 月，党的十八届三中全会通过的《中共中央关于全面深化改革若干重大问题的决定》首次提出建立国家公园体制。2015 年 9 月，中共中央、国务院印发的《生态文明体制改革总体方案》对建立国家公园体制提出了具体要求，强调"加强对重要生态系统的保护和利用，改革各部门分头设置自然保护区、风景名胜区、文化自然遗产、森林公园、地质公园等的体制"，"保护自然生态系统和自然文化遗产原真性、完整性"。

中华人民共和国成立以来，特别是改革开放以来，中国的自然生态系统和自然遗产保护事业快速发展，取得了显著成绩，建立了自然保护区、风景名胜区、自然文化遗产、森林公园、地质公园等多种类型保护地，基本覆盖了中国绝大多数重要的自然生态系统和自然遗产资源。但同时，我们也看到，各类自然保护地建设管理还缺乏科学完整的技术规范体系，保护对象、目标和要求还没有科学的区分标准，同一个自然保护区部门割裂、多头管理、碎片化现象还普遍存在，社会公益属性和公共管理职责不够明确，土地及相关资源产权不清晰，保护管理效能不高，盲目建设和过度开发现象时有发生。

因此，中国建立国家公园体制的根本目的，就是以加强自然生态系统原真性、完整性保护为基础，以实现国家所有、全民共享、世代传承为目标，理顺管理体制，创新运营机制，健全法治保障，强化监督管理，构建统一规范高效的中国特色国家公园体制，建立分类科学、保护有力的自然保护地体系。

85. 近年来，"国家公园"逐渐成为一个热门词汇，很多地方都有建设国家公园的想法，那么"国家公园"的定位到底是什么，有什么特点？

截至 2017 年 9 月，已有 100 多个国家建立了国家公园。但由于政治、经济、文化背景和社会制度特别是土地所有制不同，各国对国家公园的内涵界定也不尽相同。1994 年，世界自然保护联盟（简称"IUCN"）在布宜诺斯艾利斯召开的"世界自然保护大会"上提出了"IUCN 自然保护地分类体系"。IUCN 根据不同国家的保护地保护管理实践，将各国的保护地体系总结为 6 类，国家公园为第二类，定义为：大面积自然或近自然区域，用以保护大尺度生态过程以及这一区域的物种和生态系统特征，同时提供与其环境和文化相容的精神的、科学的、教育的、休闲的和游憩的机会。

中共中央、国务院印发的《生态文明体制改革总体方案》明确，国家公园是指由国家批准设立并主导管理，边界清晰，以保护具有国家代表性的大面积自然生态系统为主要目的，实现自然资源科学保护和合理利用的特定陆地或海洋区域。国家公园是中国自然保护地的最重要类型之一，属于全国主体功能区规划中的禁止开发区域，纳入全国生态保护红线区域管控范围，实行最严格的保护。除不损害生态系统的原住民生活生产设施改造和自然观光、科研、教育、旅游外，禁止其他开发建设活动。与一般的自然保护地相比，国家公园的自然生态系统和自然遗产更具有国家代表性和典型性，面积更大，生态系统更完整，保护更严格，管理层级更高。

86. 国家公园强调的全民公益性如何体现，普通百姓怎么受益？

国家公园的全民公益性，主要体现在共有共建共享。

一是提高共有比例。国家公园应属全体国民所有，目前中国很多自然保护地存在集体土地占比较高的情况，必须按照法定条件和程序逐步减少国家公园范围内的集体土地，提高全民所有自然资源资产的比例，或采取多种措施对集体所有土地等自然资源实行统一的用途管制。

二是增强共建能力。国家公园应积极引导公众参与建设。要充分调动政府、市场和社会各方面力量，优化运行机制，创新管理模式，引导各类社会机构特别是当地社区居民参与国家公园体制建设。要通过政策宣讲、产业引导、专题培训等方式，提高社会公众参与共建的能力。

三是提升共享水平。国家公园应着力突出公益属性，在有效保护前提下，为公众提供科普、教育、游憩的机会。要加大生态保护及相关设施的投入，不断提高生态服务和科普、教育、游憩服务的水平，为国民提供更多机会亲近自然、了解历史、领略祖国大好河山和深厚历史文化底蕴，进而增强保护自然的自觉意识，促进生态文明建设。

87. 什么叫森林碳汇？

绿色植物的光合作用为人类及其他异养生物提供了食物和能源，即使是现在人类消耗的煤和石油（含天然气），也是古代的植物所贮存的能源。森林植物光合作用合成的有机物固定在植被和土壤中，从而减少大气中二氧化碳（CO_2）浓度的过程就称之为森林碳汇。简言之即为森林固定碳的过程。

森林植物进行光合作用在固定二氧化碳（CO_2）的同时，还释放氧气（O_2）。氧气（O_2）是需氧生物赖以生存的主要条件，如果没有光合作用不断释放氧气（O_2），人类和其他需氧生物将全部死亡，可见，森林植物光合作用有巨大作用。

88. 什么叫碳汇造林？

碳汇造林是指以增加碳汇为主要目的，在确定了基线的土地上进行人工造林并对林木（分）生长过程实施碳汇计量和监测的有特殊要求的营造林活动。与普通造林相比，碳汇造林突出森林的固定碳的功能，具有碳汇计量（森林固定的总碳量多少吨/年）和监测等特殊技术要求，强调森林的多重效益。

89. 什么是林业碳汇？

林业碳汇是指通过实施碳汇造林等活动，吸收大气中的二氧化碳（CO_2）并与碳汇交易相结合的过程、活动和机制。

林业碳汇在世界范围内主要以项目的形式进行运作，项目活动包括投资前期的可行性分析和评估、碳汇买卖双方的确定、碳汇价格的估算以及项目实施方法学研究等。

90. 国内的林业碳汇项目及碳汇交易是怎样进行的？

由于森林碳汇的巨大功能有助于企业节能减排和降低碳排放成本，国家允许企业使用多一些低成本的碳汇减排指标来冲抵核销企业的碳排放控制指标，促使企业参与到碳汇交易市场中来。目前，阿里巴巴作为国内首个进入林业碳汇交易市场的企业，与四川、广西两地成功进行交易，使阿里巴巴抵减了一定量的碳排放，极大地帮助了林农扶贫解困，同时也保护了生物的多样性和生态环境。

2018年，广东省韶关市已经在碳汇开发及交易方面初现成果——广州碳排放交易所与韶关市翁源县坝仔镇上洞村达成了一笔省级碳普惠核证自愿减排量交易，上洞村凭借集体丰富的森林资源所蕴有的共计95503吨的交易排放量，获得了155.8万元的收入。企业降低了减排成本，让企业能够承受碳减排的压力，交易双方的企业与林农皆大欢喜，互利共赢。通过"林业碳汇+精准扶贫"的生态扶贫新路径，既保护了绿水青山，又增加了村集体和村民的收入，这种碳汇交易科学地践行和具体地诠释了"绿水青山就是金山银山"的理念，极大地促进了林农营造碳汇林和保护森林资源的积极主动性。

91. 什么是生态补偿机制？

生态补偿机制是以保护生态环境、促进人与自然和谐为目的，根据生态系统服务价值、生态保护成本、发展机会成本，综合运用行政和市场手段，调整生态环境保护和建设相关各方之间利益关系的一种制度安排。其主要针对区域性生态保护和环境污染防治领域，是一项具有经济激励作用、与"污染者付费"原则并存、基于"受益者付费和破坏者付费"原则的环境经济政策。

92. 什么是生态补偿转移支付？

转移支付是各级政府间为了平衡财政关系，而通过一定形式或者途径无偿转让财政资金的活动，是在既定支出责任和收入划分下的财政再分配制度，体现了非市场性的分配关系，具体可分为一般性转移支付、专项转移支付、横向转移支付和纵向转移支付。

其中，对一般性转移支付的用途不作规定，可以根据支出需要自主安排，包括均衡性转移支付、农村税费改革转移支付、民族地区转移支付、调整工资转移支付等；专项转移支付针对某一特定项目，弥补项目的收支差额，专款专用；横向转移支付指转移资金在同级政府间流动，通常指定资金用途，是专项转移支付的一种类型；纵向转移支付指中央对地方的财力转移，资金用途既可以指定，也可以不定。生态补偿转移支付即生态补偿目的与转移支付手段的结合，生态补偿的目的是消除生态效益或生态成本的外溢，对生态保护者与受益者或生态破坏者与受害者之间的利益关系进行有效调节，调节的手段包括政府手段中的生态税费、生态保护项目、生态基金、财政转移支付等和市场手段中的一对一交易、生态标记、市场贸易等。可见，生态补偿转移支付是一种对生态功能的有意提供者、特别牺牲者的行为进行补偿、调整的财政手段，主要内容是通过对生态相关主体的利益再分配来实现生态补偿，达到支持国家生态保护、矫正辖区生态外溢、解决居民环境权和发展权的矛盾的目的，本质是生态补偿，形式是转移支付，构成要素符合生态补偿制度的要求。

93. 生态补偿有哪些方式？

中国生态补偿以政府补偿为主，兼有市场补偿。政府补偿方式主要包括退耕还林（草）补偿、天然林保护工程补偿、退牧还草补偿、三北及长江流域防护林补偿、京津风沙源治理补偿、森林生态效益补偿基金、草原生态保护补助奖励机制、浙江全流域的生态补偿、水土保持补偿费、国家重点生态功能区转移支付、各地实施的矿区恢复治理保证金等。市场补偿方式主要有排污权交易、碳汇交易、水权交易以及个别地方试点的受益者付费、破坏者补偿、自组织私人交易等。其中，排污权交易主要开展于大气污染治理领域，如包头市的大气氟化物排放交易、本溪市的大气污染物排放交易、南通市的二氧化硫排放权交易等。碳汇交易起步较晚，最初开展的主要是与国际社会合作的碳汇项目，如与意大利合作的内蒙古治沙项目、与世界银行生物碳基金合作的广西再造林碳汇试点、与美国大自然保护协会合作的四川林业碳汇示范项目、与日本合作的辽宁防沙治沙试验林等。2010年中国绿色碳汇基金会的成立大力推动了中国的增汇减排，一系列林业碳汇项目逐步展开。水权交易较为成熟，但也仅仅是零星分散在局部地区，如浙江金华市金东区水权补偿、浙江绍兴—慈溪水权交易、义乌—东阳水权交易、甘肃张掖灌溉用水交易等。

94. 什么是国家重点生态功能区？

国家重点生态功能区是中华人民共和国为优化国土资源空间格局、坚定不移地实施主体功能区制度、推进生态文明制度建设所划定的重点区域。

2016 年 9 月 29 日国务院印发《关于同意新增部分县（市、区、旗）纳入国家重点生态功能区的批复》。至此，纳入国家重点生态功能区的县（市、区、旗）数量由原来的 436 个增加至 676 个，占国土面积的比例从 41% 提高到 53%，此举有利于进一步提高生态产品供给能力和国家生态安全保障水平。

95. 中国有多少个国家重点生态功能区？

全国按照地域地形划分为 25 个重点生态功能区：大小兴安

岭森林生态功能区、长白山森林生态功能区、阿尔泰山地森林草原生态功能区、三江源草原草甸湿地生态功能区、若尔盖草原湿地生态功能区、甘南黄河重要水源补给生态功能区、祁连山冰川与水源涵养生态功能区、南岭山地森林及生物多样性生态功能区、黄土高原丘陵沟壑水土保持生态功能区、大别山水土保持生态功能区、桂黔滇喀斯特石漠化防治生态功能区、三峡库区水土保持生态功能区、塔里木河荒漠化防治生态功能区、阿尔金草原荒漠化防治生态功能区、呼伦贝尔草原草甸生态功能区、科尔沁草原生态功能区、浑善达克沙漠化防治生态功能区、阴山北麓草原生态功能区、川滇森林及生物多样性生态功能区、秦巴生物多样性生态功能区、藏东南高原边缘森林生态功能区、藏西北羌塘高原荒漠生态功能区、三江平原湿地生态功能区、武陵山区生物多样性与水土保持生态功能区、海南岛中部山区热带雨林生态功能区。

其中广东省的乐昌市、南雄市、始兴县、仁化县、乳源瑶族自治县、兴宁市、平远县、蕉岭县、龙川县、连平县、和平县、翁源县、新丰县、信宜市、大埔县、丰顺县、陆河县、连州市、阳山县、连山壮族瑶族自治县、连南瑶族自治县等 21 个县先后被列入国家重点生态功能区范畴，属于南岭山地森林及生物多样性生态功能区。

96. 在重点生态功能区实施产业准入负面清单的意义是什么？

所谓负面清单（Negative List），相当于投资领域的"黑名单"，列明了企业不能投资的领域和产业。学术上的说法是，凡是针对外资的与国民待遇、最惠国待遇不符的管理措施，或业绩要求、高管要求等方面的管理限制措施，均以清单方式列明。

而在重点生态功能区实施产业准入负面清单带来的意义在于：这是党的十八届五中全会确定的重大任务，是落实国家主体功能区战略的基础性、引领性的顶层制度，是精准治理开发国土空间的重大制度创新，对于统筹重点生态功能区的生态环境保护和经济社会发展，构建国家生态安全战略格局具有重要意义。

实施重点生态功能区产业准入负面清单是提升空间治理能力、维护国土空间安全的关键举措，是统筹经济发展与环境保护、提高重点生态功能区生产力的重要保障。同时，也是提高区域生态产品供给能力、不断满足人民群众日益增长的对生态产品需求的有力抓手。

97. 应如何筛选纳入重点生态功能区产业准入负面清单的产业，限制类和禁止类产业如何划分？

全国各地区的"十三五"国民经济和社会发展规划、产业发展规划已编制完成，各县市的工业园区也有明确的规划范围和规划的产业类型。因此，各省、县（市、区、旗）应重点梳理并统计本行政区现有主导产业、现有一般产业、有资源禀赋的规划发展产业、无资源禀赋的规划发展产业等产业的类型、数量和规模，针对各自所属重点生态功能区的发展方向和开发管制原则，把建设及生产过程将对生态环境造成影响的产业纳入负面清单。重点将第一产业农、林、牧、渔业，第二产业采矿、制造、建筑以及电力、热力、燃气、水的生产和供应业，第三产业中的交通运输、仓储、房地产和水利管理业等产业纳入负面清单。

重点生态功能区产业准入负面清单包含禁止类和限制类两大类产业，要求以现有国家《产业结构调整指导目录》（简称《指导目录》）、《市场准入负面清单草案》（简称《清单草案》）和地方相关产业政策、环境政策为底线，依据区域资源禀赋和现状生态环境状况确定。其中，限制类产业类型要包括《指导目录》《清单草案》及各省（自治区、直辖市）"产业指导目录"中的限制类产业，以及与所处重点生态功能区发展方向和开发管制原则不相符的鼓励类、允许类产业；禁止类产业类型要包括《指导目录》《清单草案》及各省（自治区、直辖市）"产业指导目录"中的淘汰类、禁止类产业，以及不具备区域资源禀赋条件，并与所处重点生态功能区发展方向和开发管制原则不相符的鼓励类、允许类、限制类产业。

98. 地方应如何结合区域资源禀赋条件、主体功能定位、产业比较优势，科学制定重点生态功能区产业准入负面清单？

根据《全国主体功能区规划》，水源涵养型、水土保持型、防风固沙型和生物多样性维护型 4 大类重点生态功能区分布在 25 个区域，位于不同区域的相同类型功能区之间的发展方向不尽相同，位于同一功能区内不同县（市、区、旗）之间的生态环境现状、资源禀赋条件、产业发展现状、人口规模分布也存在一定差异性。因此，各县（市、区、旗）应重点梳理区域生态环境现状、矿产和文化旅游资源状况、产业发展现状及规划情况、产业园区规划建设情况等，研究本行政区自身的传统产业和优势产业发展趋势，以保护和修复生态环境、提供生态产品为首要任务，因地制宜发展生态工业、生态农业和生态旅游业，引导超载人口逐步有序转移至城市化区域，形成点状开发、面上保护的空间格局。

负面清单主要以国家《指导目录》和《清单草案》、各省（自治区、直辖市）"产业指导目录"、各行业规范条件环境保护要求为依据，从严提出可量化、可操作的管控要求。要对各类开发活动进行严格管制；开发矿产资源、发展适宜产业和建设基础设施，都要控制在尽可能小的空间范围之内。要严格控制开发强度，新建工业项目应布局于现有的合规生态型工业区内，并实行更加严格的产业准入环境标准。要在现有城镇布局基础上进一步集约开发、集中建设，健全公共服务体系，提高公共服务供给能力和水平。

99. 国家重点生态功能区转移支付制度的政策目标是什么？

国家重点生态功能区转移支付制度的政策目标，一是引导政府加强生态环境保护，二是提高地方政府基本公共服务保障能力，前者体现了对生态环境保护与建设的补偿，后者体现了对均等化基本公共服务、均衡区域间经济发展状况、禁限发展损失的补偿。

100. 生态保护补偿的补偿范围是什么?

以广东省为例,广东省目前已开展探索研究具有广东特色的生态补偿机制与政策。根据《广东省生态保护补偿办法》,生态保护补偿的对象是省内欠发达地区的生态地区,补偿资金分配核算至县级,补偿对象范围包括:

(1)《国家主体功能区规划》确定的国家重点生态功能区所属县(包括县、县级市、市辖区)。

(2)《国家主体功能区规划》确定的国家禁止开发区。

(3)《广东省主体功能区规划》确定的省级重点生态功能区所属县。

上述(1)、(3)项规定的对象统称为重点生态功能区县。

101. 生态保护补偿的分配办法是什么?

以广东省为例,根据《广东省生态保护补偿办法》,其分配办法为:

(1)对重点生态功能区县的生态补偿资金,分为基础性补偿和激励性补偿两部分，两者占比分别为 40% 和 60%。其中，基础性补偿部分根据县级基本财力保障需求和国土面积情况辅以调整系数计算确定；激励性补偿部分根据生态环境保护指标考核结果计算确定。

（2）对禁止开发区的生态补偿资金，根据禁止开发区的面积和数量等因素计算确定。补偿资金分配下达至禁止开发区所在县，由县级政府统筹用于指定禁止开发区的保护和建设。

102. 生态保护补偿的保障措施是什么？

保障措施如下：

（1）强化地方主体责任，切实推进生态环境保护。市县政府是地方生态环境保护的责任主体，要以习近平生态文明思想为指导，以主体功能区规划和推进基本公共服务均等化为导向，统筹本级财力，积极调整优化支出结构，加大生态环保投入力度，提高生态区基本公共服务保障能力，促进经济社会协调发展。

（2）加强引导监督工作，确保政策落实到位。各地级以上市要根据当地生态环境保护特点，研究制定所辖地区的生态补偿办法，加大环境保护支出，按规定及时足额向所辖县（市）分配省级生态保护补偿资金，并加强监督，提高资金使用效益。同时，要加强工作总结和情况报送，有关地级以上市在每年年底要将生态保护补偿资金分配情况和使用效果书面报送省财政厅。

（3）建立绩效评价体系，加强政策的跟踪评估。省财政厅要建立并完善生态保护补偿机制的绩效评价体系，定期对生态保护补偿资金使用情况进行考核评估，作为下一年度资金分配的重要依据。

案例：

流域生态补偿探索初见成效
六大经典案例一览

流域水环境治理正在告别以往权责不清的状态，尤其是多地探索流域生态补偿方案，收获颇丰。本文以新安江流域、九洲江流域、汀江—韩江流域、东江流域、滦河流域以及渭河流域为例，进行详解。

近年来，跨行政区域的流域污染纠纷时有发生。其根源在于流域上下游之间环保责任的不对等，容易出现上游排污，下游"买单"的现象，如何破解跨行政区域的流域环境问题，成为了多年来一直在探索的难题。

2005 年开始，浙江逐步推进生态补偿试点，随后，江苏、安徽等多省份也在逐步探索生态补偿制度。2011 年，财政部、原环保部在新安江流域启动了全国首个跨省流域生态补偿机制试点，试点期 3 年。试点之后，新安江的水质连年达标，取得显著的成效。

据媒体报道，新安江流域治理涉及安徽和浙江两省，安徽黄山市是新安江流域上游的水源涵养区，浙江省杭州市是流域下游的受益区。按照流域补偿方案约定，只要安徽出境水质达标，浙江每年补偿安徽 1 亿元。

按照成熟一批，推进一批的原则，自 2011 年以来，包括新安江流域在内，中国已开展九洲江、汀江—韩江、东江、滦河、渭河流域等六大河流的生态补偿机制。细细研究这些河流补偿方案，实则不尽相同，略有差别。

九洲江流域：投入累计超 15 亿元，两广联手治理显成效。

九洲江跨越粤、桂两省区，是广西的玉林市（陆川、博白两县）和广东的湛江市主要饮用水水源，九洲江流域的水环境安全，关系到九洲江流域人民群众的饮水安全和粤、桂经济社会协调发展大局。粤、桂两省区联手治理九洲江是两省区党委政府主要领导达成的共识。

2016 年 3 月 21 日，广西壮族自治区人民政府与广东省人民政府签署了《九洲江流域水环境补偿的协议》。根据该补偿协议约定，协议有效期为 2015—2017 年，治理期间广西、广东两省区各出资 3 亿元，共同设立九洲江流域生态补偿资金。此外，中央根据年度考核结果，完成协议约定的污染治理目标任务，将获得 9 亿元的专项资金支持。至此，九洲江流域合作治理资金投入累计超过 15 亿元。

在中央的支持及粤、桂两省区的努力下，九洲江流域工业点源和县城生活污染源得到较好控制，初步探索出规模化畜禽养殖污染减负模式，饮用水源保护区的非法抽砂、违法养殖、围库造塘等问题得到不同程度的治理，一定程度上遏制了流域水质恶化的趋势。

汀江—韩江流域：双向补偿，已获中央财政 5.99 亿元补助。

发源于闽西的汀江全长 300 多公里，是福建省第四大河流，也是福建流入广东的最大河流。而韩江是粤东地区第一大河流，担负汕头、梅州、潮州和揭阳市 1000 多万人生产、生活供水的重任，因此上游汀江水质直接关系到下游 1000 多万人的用水安全。

为更好保护水环境，2016 年 3 月，福建省与广东省签署《汀江—韩江流域水环境补偿协议》。按照协议，广东、福建共同出资设立 2016—2017 年汀江—韩江流域水环境补偿资金，资金额度为 4 亿元，两省每年各出资 1 亿元。同时，中央财政将依据考核目标完成情况确定奖励资金，并拨付给流域上游省份，专项用于汀江—韩江流域水污染防治工作。

与以往相关协议不同，汀江—韩江流域上下游横向生态补偿协议采用双指标考核，既考核污染物浓度，又考核水质达标率。同时，实行"双向补偿"原则，即以双方确定的水质监测数据作为考核依据，当上游来水水质稳定达标或改善时，由下游拨付资金补偿上游；反之，若上游水质恶化，则由上游赔偿下游，上下游两省共同推进跨省界水体综合整治。

据东方网 2017 年 9 月份报道，自流域补偿协议实施至今，福建省已投入汀江—韩江流域水污染防治资金 15.99 亿元，累计获得中央 5.99 亿元资金补助。

东江流域：两省每年各出资 1 亿元，中央财政补贴拨付上游。

2016 年 4 月，国务院印发《关于健全生态保护补偿机制的意见》，明确在江西—广东东江开展跨流域生态保护补偿试点。同年的10月，江西、广东两省人民政府签署了《东江流域上下游横向生态补偿协议》。明确了东江流域上下游横向生态补偿期限暂定三年。跨界断面水质年均值达到Ⅲ类标准水质达标率并逐年改善。

该生态补偿协议明确以庙咀里（东经115.1788°、北纬24.7013°）、兴宁电站（东经115.5590°、北纬24.6451°）两个跨省界断面为考核监测断面。考核监测指标为地表水环境质量标准中的pH、高锰酸盐指数、五日生化需氧量、氨氮、总磷等5项指标。如出现其他特征污染物，经两省协商也纳入考核指标。同时，江西、广东两省联合开展篁乡河、老城河两个跨省界断面监测评估。中国环境监测总站负责组织江西、广东两省有关环境监测部门，对跨界断面水质开展联合监测。

资金补偿与水质考核结果挂钩。江西、广东两省共同设立补偿资金，两省每年各出资1亿元。中央财政依据考核目标完成情况拨付给江西省，专项用于东江源头水污染防治和生态环境保护与建设工作。两省共同加强补偿资金使用监管，确保补偿资金按规定使用。

滦河流域：以国土江河综合整治予以资金支持。

滦河，发源于河北省丰宁县，流经沽源县、多伦县、隆化县、滦平县、承德县、宽城满族自治县、迁西县、迁安县、卢龙县、滦县、昌黎县，在乐亭县南兜网铺注入渤海，全长877公里。

据《经济日报》报道，与新安江、汀江—韩江等横向上下游补偿方案相比，滦河流域的补偿方案有所不同，初步方案是先建立补偿试点，国家以国土江河流域综合整治试点形式予以资金支持，天津、河北再各自支付一部分，以充分体现谁受益、谁补偿的原则。

滦河流域试点共涉及三省一市、共 9 个地市。其中水土环境污染防治项目共 73 个，投资 35.38 亿元；河湖生态保护与修复项目共 65 个，投资 32.74 亿元；统一水质、生态监测、监管、应急平台项目 1 个，投资 2.5 亿元。

渭河流域：参照新安江流域方案，建立中央补助 + 跨省补偿机制。

2011 年，作为生态补偿方面的探索尝试，陕、甘两省沿渭河流域 6 市 1 区签订了《渭河流域环境保护城市联盟框架协议》，陕西省向渭河上游的甘肃天水、定西两市分别提供 300 万元渭河上游水质保护生态补偿资金，用于上游污染治理、水源地生态保护和水质监测等。

"但考虑到现有上游保护投入和治理成本及未来生态治理需求，目前开展的补偿还存在着量小力微、基数不尽合理、补偿渠道和方式单一、缺乏有效机制保障等问题，无法满足流域生态治理和水环境保护的需要。因此，通过先行先试，在渭河流域建立健全可行的上下游横向补偿机制显得十分急迫。"2017 年 6 月 27 日，全国政协委员张世珍在接受中国网采访时表示。

在议案里，他建议渭河流域治理应参照新安江流域生态补偿试点经验，以中央财政生态补偿基金和跨省的生态补偿资金为重点，启动实施渭河流域上下游横向生态补偿试点，建立渭河流域生态保护共建共享机制。

（摘自环保网 2017 年 10 月 20 日，略有改动。）

后　记

　　知悉何丞主编邀请我参与编写系列丛书之《乡村生态文明建设百问百答》时，我正奔走于乡村之间开展人居环境整治和美丽乡村建设工作，感到既兴奋不已又忐忑不安。兴奋的是何主编给了我这么一个好机会，可以把我在基层工作最真实的一面展现出来，不安的是自己才疏学浅，担心自己辜负了大家的期望。

　　我在农村出生成长，学的是农业专业，毕业后分配在乡镇农业技术推广站工作，一直在乡村打拼，其间也曾洗脚上田，到南雄市委办工作，又因对农村的热爱和乡镇工作的执著，投入到农村广袤天地之中。"上面千条线，下面一根针"，在乡镇工作的近20年，我从事过党的建设、计划生育、社会治理、产业发展、"两违"整治、安全生产、护林防火、防洪防汛、卫生保洁等等，可谓千锤百炼，但心中时刻牢记习近平总书记"绿水青山就是金山银山"的"两山理论"，把生态环境工作放在重要位置抓实抓好。我在下乡工作中，也常会遇到农民焚烧秸秆，去制止而无效，却又没有更好的办法处理；看到一些小型养殖户粪污直排让其治理，答一句"没钱"，却又因违法轻微难以执法；乱扔生活垃圾、废弃物品时而可见。正面对着这一串串困惑，有机会编写《乡村生态文明建设百问百答》一书，我感到这简直就是天赐良机，对我的政策水平和实际工作是一个极大的促进。这本书的编写出版，既可为农民答疑解惑、增长知识、指导发展，又可起到很好的教育宣传引导作用，一箭双雕、两全其美。

接下任务后，我赶紧拉队伍、搭架子，把帽子峰镇各相关部门业务骨干组织起来，包括饶海华、聂慧帆、董诗武、董高林、范荣林、邹建华、廖倩颖等同志，开始查阅大量的资料、文稿和法律法规，并分别与上级业务部门衔接咨询，结合自己对农村工作积累的一些经历和经验，开始了编写工作。编写过程中，何丞主编给予了大力指导，初稿完成后，幸得出版社编辑们的悉心指导和出版社的专业校对，经反复修改后成稿。编写期间，根据组织安排，我从帽子峰镇调往珠玑镇，为了更好更高质量地完成任务，编写工作主要由饶海华同志负责。学习使人进步。在书稿完成后，搭档们大多发生了岗位变动，其中，饶海华同志已提拔为乌迳镇党委副书记、聂慧帆同志已提拔为邓坊镇党委委员，在此，谨向他们表示祝贺，向所有关心支持编纂工作的单位和个人表示衷心感谢！

书终于编成，但我深知，与丛书编写的专家、学者、教授相比，我们仍有巨大的差距。同时，由于乡村生态文明涵盖面广，篇幅所限，我们只能选取农民群众最关心的、较具代表性的内容进行编写，尽量做到通俗易懂接地气，但难以囊括方方面面，恳请谅解。虽几经修改、多次校勘和补充，但囿于水平经验，疏漏和舛误在所难免，我们深感不安。恳请各级领导及各方贤能，不吝赐正。

朱世平

2019 年 8 月